観察のポイント&
料理レシピ付き!

街で見かける

# 雑草・野草図鑑

金田　一

交通新聞社

# 花のつくり

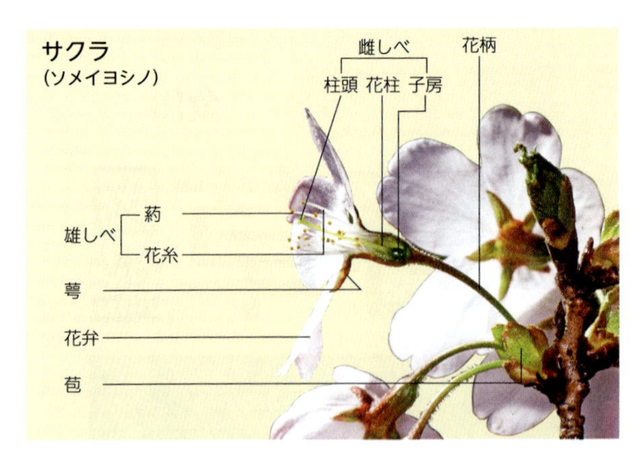


## ●アヤメ科の花

キショウブ

## ●サトイモ科の花

ミミガタテンナンショウ

## ●イネ科の花

ネズミムギ

## ●ユリ科の花

ヤマユリ

## ●キク科の頭花

### 筒状花＋舌状花

ユウガギク

### 筒状花のみ

キツネアザミ

### 舌状花のみ

セイヨウタンポポ

## 花の形

スミレ形

タチツボスミレ

ナデシコ形

カワラナデシコ

漏斗形

ケチョウセンアサガオ

鐘形

ホタルブクロ

唇形花

カキドウシ

蝶形花

カラスノエンドウ

十字形

ハマダイコン

高杯形

サクラソウ

## 花序の形

総状花序

ムラサキケマン

穂状花序

オオバコ

散房花序

ナズナ

円錐花序

セイタカアワダチソウ

散形花序

ハマユウ

サソリ形花序

キュウリグサ

集散花序

キリンソウ

盃状花序

トウダイグサ

# 葉のつくり

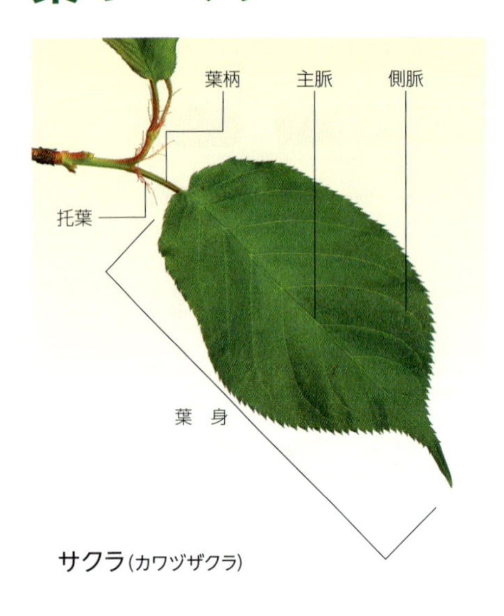

サクラ(カワヅザクラ)

## ❖葉の形

長楕円形

ヨウシュヤマゴボウ

披針形

イヌタデ

卵形

イタドリ

広卵形

ケチョウセンアサガオ

腎心形

ツワブキ

ハート形

ドクダミ

線形

ツメクサ

へら形

スベリヒユ

倒被針形

ウラジロチチコグサ

卵状広楕円形

オオイヌノフグリ

## ❖葉のつき方

対 生

ガガイモ

互 生

ツユクサ

輪 生

クガイソウ

根 生

ヒメムカシヨモギ

## ❖葉のふちの形

鋸歯

キリンソウ

全縁

ミドリハコベ

## ❖複葉

鳥足状複葉

アマチャヅル

掌状複葉

オヘビイチゴ

2回3出複葉

キケマン

頭大羽状葉

ノゲシ

3出葉

ヘビイチゴ

偶数羽状複葉

カラスノエンドウ

奇数羽状複葉

キジムシロ

# 用語解説

## 【あ】

**明るい日影**（あかるいひかげ）
木漏れ日が当たる程度の日影、または、午前中から昼の３～４時間程度直射日光が当たる場所。半日影(はんひかげ）ともいう。

**一日花**（いちにちばな）
開花したその日のうちにしぼんでしまう花。

**羽状**（うじょう）
1枚の葉が鳥の羽のように切れ込むこと。

**園芸種**（えんげいしゅ）
いくつかの植物をかけあわせて観賞価値を高めたり、栽培しやすいように改良した植物を園芸種という。

**円錐花序**（えんすいかじょ）
何回も分枝して全体が円錐状に見える花序。

## 【か】

**花冠**（かかん）
１つの花の花びら全体。

**萼筒**（がくとう）
萼片の下部がくっついて筒状になっている部分をいう。花冠が筒形になっているのは花筒。

**萼片**（がくへん）
花の外側にあるものが萼で、萼の1つ1つを萼片という。花弁と区別できるものと、花弁のように見えるものとがある。

**花茎**（かけい）
地下茎や根から直接出て伸び、葉をつけず、花をつける茎。チューリップやタンポポなど。

**花糸**（かし）
雄しべのこと。先端に葯がある。

**花序**（かじょ）
茎への花のつき方・配列様式。花軸（＝茎）の上の花の並び方。

**花穂**（かすい）
長い花軸に小さな花が多数ついて１本の穂のようになっているもの。

**花柱**（かちゅう）
雌しべの子房より上の部分。先端は柱頭という。

**花被**（かひ）
萼と花弁をまとめていい、萼を外花被片、花弁を内花被片という。

**株**（かぶ）
植物全体をさして株と言う。株の基部付近は株元と呼ぶ。

**株立状**（かぶだちじょう）
根ぎわから多数の茎を分けて生長する状態。あるいは根元から３本以上の幹が立ち上がった樹木、またその状態を指す。

**花柄**（かへい）
花梗（かこう）ともいい、１つ１つの花をつける枝のこと。

**花房**（かぼう）
1カ所に房のようになって咲く花。

**夏緑性**（かりょくせい）
夏の間、緑の葉をつけているが、秋になると落葉すること。

**冠毛**（かんもう）
キク科の舌状花や筒状花の子房の上部にある絹のような毛。

**帰化植物**（きかしょくぶつ）
本来日本になかった植物が、人の移動や動物の媒介によって外国から持ち込まれて自然に定着した植物。自生植物に対する語。

**距**（きょ）
花びらや萼の付け根にある突起部分。内部に蜜をためて昆虫を誘うことが多い。

**強害草**（きょうがいそう）
繁殖力が旺盛で、作物などの生育に悪影響を与える。

**鋸歯**（きょし）

葉の縁にあるぎざぎざの切れ込み。

**草姿**（くさすがた・そうし）
その植物独特の姿。

**群生**（ぐんせい）
同じ種類の植物が、まとまってたくさん生えていること。

**茎葉**（けいよう）
茎から出ている葉のこと。根生葉（こんせいよう）とは形が違うことが多い。

**結実**（けつじつ）
雌しべが花粉を受けて受粉し、子房が肥大して実とタネができること。

**原種**（げんしゅ）
栽培種のもととなる種類や園芸品種のもとになった野生種を原種という。

**高性種**（こうせいしゅ）
その品種の中で背が高くなる性質を持つ種類のこと。ちなみに、低くなる性質を持つ種類のことは「矮性種（わいせいしゅ）」という。

**極早生**（ごくわせ）
極早生品種のこと。比較的開花や結実が早い品種の中でも、特に早く花が咲くものを言う。

**互生**（ごせい）
葉が互い違いにつくこと。

**根茎**（こんけい）
根に似て地中を這い、節から根や芽を出す地下茎。

**根生・根生葉**（こんせい・こんせいよう）
根際から葉が出ていること。ただし、根そのものから葉が出ることはない。

## 【さ】

**咲き分け**（さきわけ）
1株の草や樹に、色の異なる花が咲くこと。

**酸性土・酸性土壌**（さんせいど）
酸性反応を示す土・土壌。雨の多い地方に多く、土壌中の塩基が流出したり、酸性物質が集積して生じる。耕作には適さない。

**子房**（しぼう）
雌しべの下の膨らんだ部分。受精後、果実になる。

**斜上**（しゃじょう）
茎が斜めに立ちあがること。

**雌雄異花**（しゆういか）
1つの花に雄しべと雌しべのどちらか一方が欠けていること。単性花ともいう。

**雌雄異株**（しゆういしゅ）
単性花（雄しべ・雌しべのいずれか一方だけをもつ花）をつける植物のうち、雄花と雌花とが別の個体に生ずる植物のこと。同じ個体に生ずるものは雌雄同株。雌雄異株は木に多く、イチョウ、アオキ、モクセイ、ヤナギなどが含まれる。

**掌状**（しょうじょう）
手のひらを広げたような形の葉をいう。

**小穂**（しょうすい）
イネ科で見られるように、小花が穂状についている花序のこと。

**小葉**（しょうよう）
複葉についている1枚1枚の葉のこと。「小さい葉」という意味ではない。

**唇形花**（しんけいか）
人の唇に似た形の花。筒状の花びらの先が上下の二片に分かれ、唇のような形をしたもの。上側を上唇、下側を下唇という。

**穂状花序**（すいじょうかじょ）
長い花軸に柄のない花が多数、互生している花序。下から上に咲きあがる。

**舌状花**（ぜつじょうか）
キク科の花（頭花）のうち、外側をとりまく舌のような形をした1つ1つの花。

**腺毛**（せんもう）
毛の先端が膨らんでいて、そこから液体を分泌するので、粘る。

**総状花序**（そうじょうかじょ）
柄のある花が長い花軸についている花序で、下から上に咲く。

**叢生**（そうせい）
①根際から多数の茎が出て株立ちになること。②多数の葉が１つの節からむらがって出ているように見えること。

**総苞**（そうほう）
花の基部を包んでいる、小さいうろこ状の苞の集まり。

## 【た】

**対生**（たいせい）
二枚の葉が向かい合ってつくこと。

**托葉**（たくよう）
葉柄の基部にある葉に似た付属物。

**立ち性**（たちせい）
茎や蔓（つる）や枝が上に伸びる性質。

**単葉**（たんよう）
葉全体が一枚の葉身（ようしん）（葉の本体）からなる葉。⇔複葉。

**地下茎**（ちかけい）
地中にある茎のこと。養分を蓄えたり、長くのびて繁殖したりする。

**中空**（ちゅうくう）
タンポポの花茎のように茎の中に組織がなく空っぽの状態。中に組織が詰まっていることは中実という。

**中脈**（ちゅうみゃく）
葉の中央にある一番太い葉脈のことで、中央脈や主脈、中肋ともいう。

**丁子咲き**（ちょうじざき）
花の中心部が半球状に盛り上がる咲き方。

**蔓性**（つるせい）
植物の茎で、自らは立つことができず、長く伸びて地上を這ったり、ほかの物に巻きついてよじ登ったりするもの。

**豆果**（とうか）
マメ科のエンドウのような果実で、熟すと２片に裂けて種子が出る。

**頭花**（とうか）
キク科の花のように小花が多数頭状花序について、全体が１つの花のように見える花。頭状花ともいう。

**筒状花**（とうじょうか）
管状花ともいう。キク科の頭花を作る多数の小花のうち、中心部に集まっている筒状の花のこと。

**頭状花序**（とうじょうかじょ）
平たい円盤状の花軸の上に柄のない花が多数集まってついている。略して頭花ともいう。

**倒披針形**（とうひしんけい）
中部より少し上のあたりが一番幅広くなっている葉の形。

## 【な】

**夏越し**（なつごし）
植物には適した環境があり、高温多湿の日本の夏は、植物が過ごしにくい環境で、夏に枯れてしまう植物もあり、その場合、「夏越しができない」と言う。日よけなどをして温度を下げる工夫をすることもある。

**芒**（のぎ）
イネ科の植物の花を包む穎（えい）（総苞にあたるもの）の先から出る長い針状の突起。

## 【は】

**杯状花序**（はいじょうかじょ）
トウダイグサ科の植物に特有の花序で、杯（さかずき）の形をした総苞の中に多数の雄花と１つの雌花が入っている。

**斑紋**（はんもん）
地色とは異なった色の模様が見られること。

**披針形**（ひしんけい）
先が尖り、もとのほうは鈍く、中部よりやや下のあたりが一番幅は広くなっている葉の形。

**一重咲き・八重咲き**（ひとえざき・やえざき）
花弁の数は植物の種ごとに決まっていて、本来の数のものが一重咲き、本来の数より多いものを八重咲きという。ふつう八重咲きといった場合、花びらが数多く重なって咲くことを意味している。一般に八重咲きは野生種ではほとんど見られないが、改良された園芸品種ではよく見られる。

**斑**（ふ）
その葉のもともとの色（例えば緑色）の一部が外的または遺伝的要因によって変色すること。斑ができた葉を「斑入り葉」と呼ぶ。

**副萼片**（ふくがくへん）
萼片の外側に、さらに萼状のものがあるのを副萼といい、1つ1つを副萼片と呼ぶ。

**伏毛**（ふくもう）
茎や葉の表面にぴったりと張り付いてねている毛。

**複葉**（ふくよう）
葉身が２枚以上の小葉からなる葉⇔単葉。

**分枝**（ぶんし）
枝が分かれること。

**粉白色**（ふんぱくしょく）
こすれば落ちる程度の白い粉がついているように見える葉の色。

**閉鎖花**（へいさか）
花弁が開かず、つぼみのままで自家受精して結実する花。

**苞**（ほう）
花や芽を包むようにつく葉の変形したもので、葉と変わらないものや花のように美しいものがある。

**匍匐性**（ほふくせい）
地面を這うように植物が生長する性質。

## 【ま】

**ムカゴ**（むかご）
葉の付け根にできる多肉で球状の芽。地上に落ちると発芽する。肉芽、珠芽ともいう。

## 【や】

**葉腋**（ようえき）
葉のわき、葉の付け根のこと。

**葉鞘**（ようしょう）
イネ科などの葉で、葉の基部が鞘状になって茎を包んでいる部分。

**葉柄**（ようへい）
葉の一部で、葉身と茎の間にある細い柄。

**翼**（よく）
茎や葉柄などの縁に張り出している翼状の平たい部分。ひれともいう。

## 【ら】

**ランナー**（らんなー）
地面を這うように伸びる細い茎のこと。節から根を出して新しい株を作ってふえる。匍匐茎ともいう。

**両性花**（りょうせいか）
１つの花の中に雄しべと雌しべの両方が存在する花。

**輪生**（りんせい）
茎の節を囲んで何枚も葉がついていること。葉の枚数により３輪生、４輪生、５輪生などと呼ぶ。

**輪生状**（りんせいじょう）
本来は互生だが、輪生のように見えるもの。偽輪生ともいう。

**鱗片**（りんぺん）
葉が変形して鱗状になったもの。

**漏斗状**（ろうとじょう）
アサガオのように花の上部が広がり、漏斗形をしたもの。ちなみに漏斗とは、液体を移すのに用いられる器具のじょうごのこと。

**ロゼット**（ろぜっと）
根生葉が地面に平たく放射状に広がっている様子をいう。

## 【わ】

**矮性**（わいせい）
小さいこと。草丈が低いこと。そのような植物。

# 植物の一生

植物にもライフサイクルがあります。タネから芽が出て、花を咲かせ、タネをつくって枯れるまでが植物の一生、ライフサイクルです。 開花、結実して一生を終える1年草、毎年開花結実を繰り返して何年も生き続ける多年草がありますが、タネから芽を出す、休眠から覚めて芽が動きだす、葉が茂る、花が咲く、実をつけるなどの時期に、決まったパターンがあるので、季節ごとに違った姿を見せてくれます。なお多年草には、冬でも葉が枯れない常緑のものやロゼットの姿で越冬するものもあります。

## ●ナガミヒナゲシ（1年草）のライフサイクル

① 種子（休眠）
② 発芽
③ 本葉が出て生長する
④ 花芽ができる
⑤ つぼみが開いていく
⑥ 開花
⑦ 結実
⑧ 枯れ死

**栄養生長とは：**
発芽した後、光合成をして生長することです。葉や茎、根などがつぼみをつけるまでに生長、発達していく時期です。

**生殖生長とは：**
花芽ができ、花が咲き始めて、受精後実をつけるまでの生長をいいます。

## ●オオバギボウシ（多年草）のライフサイクル

① 発芽
② 茎、葉、根の生長
③ 花芽ができる
④ つぼみが開いていく
⑤ 開花
⑥ 結実
⑦ 地上部が枯れて
休眠する

# 本書の使い方

近年、雑草・野草の人気が高まり、最近では新聞や雑誌だけでなく、テレビ番組でも雑草・野草を取り上げているのを見かけることが多くなりました。また、ネットでは、雑草・野草の人気サイトがかなりあります。こうした人気の背景には、シニア層が増えていること、散歩が定着して雑草・野草を見かける機会が増えていること、サラリーマンの中で、雑草・野草が持っている「たくましさ・やさしさ・素朴さ…」の魅力に惹かれる人が増えていることなどが関係しているのではないかと言われています。雑草・野草には膨大な種類がありますが、

### ❖ツメ検索・掲載順

開花する季節順に並んでいます。季節のわけ方はおおよそ、春を3～5月、夏を6～8月、秋を9～11月としました。各季節の中では科名ごとに概ね50音順にまとめていますが、できるだけ類似植物を並べるために、一部順不同になっています。

### ❖生育地

生育地は、「市街地」「山辺の町」「湿地」「海辺の町」とし、「春」「夏」「秋」の季節のツメの下に生育地のアイコンを置いています。

### ❖花期ツメ検索

1～12月までのツメで、花の咲く時期に色をつけています。

### ❖写真

・メイン写真：主に花の全体像を紹介し、できるだけその植物が見られる場所や生育環境の状態が分かる写真を選んでいます。

・観察のポイント写真：花や葉、実などのアップ写真によって、メイン写真ではわからない特徴やその植物を見分けるポイントを紹介しています。

・小写真：芽生え、葉や実の様子など、なるべく多くの姿を紹介しています。

夏

山辺の町

**ホタルブクロ**
【蛍袋、火垂袋】

◉科　名：キキョウ科ホタルブクロ属
◉花　色：●淡紅紫色、○白色
◉学　名：Campanula punctata

野山の道端、庭、草地などで見かける。名前は、ホタルをこの花の中に入れて光らせて遊んだことから。別名のチョウチンバナは、この花を火垂（提灯の古名）に例えたもの。似ているヤマホタルブクロの花には、萼の裂片の間の付属片がないことが本種と異なる点。愛らしい花なので、ツリガネソウ、トックリバナといった地方名も多い。

| | |
|---|---|
| 分類 | 多年草 |
| 草丈 | 30～80cm |
| 花期 | 6～8月 |
| 分布 | 北海道～九州 |
| 生育地 | 山野の林縁、野原 |
| 別名 | チョウチンバナ、アメフリバナ |

釣り鐘形の花が釣り下がって咲き、昔から親しまれている

観察のポイント！

花の内側に濃紫色の斑点が入り、長い毛がある。萼片の間の湾入部に反り返る付属体がある

1月
2月
3月
4月
5月
6月
7月
8月
9月
10月
11月
12月

根生葉は卵心形

若い葉

花は鐘形（しょうけい）で長さ4～5cm

164

### ❖解説文

名前の由来、似ている仲間との違いを見分けるポイント、花だけでなく葉や生育している様子など、雑草・野草を知るための情報を紹介しました。

### ❖データ

●分類：春に種子から発芽し実を結ぶまでが1年以内で、その後枯れてしまうものを「1年草」、秋か春に発芽して生存期間が1年以上2年未満のものを「2年草」、2年以上生きて2回以上花をつけるものを「多年草」と呼んでいます。

●草丈：開花期の植物の高さを示しています。

●花期：自然の状態で花が咲く時期ですが、地域によっては少

本書ではその中から、「街で見かける雑草・野草」をテーマにして、種類を選びました。市街地で見かける種類だけではなく、「山辺の町」「海辺の町」「湿地」で見かける種類も収録しました。また、庭や栽培地などから逃げ出して、街で野生化している園芸種&シダ類も収めています。街で見かける雑草・野草を知るための道具として、本書をぜひお役立てください。

## カラスウリ

【烏瓜】

林縁、空き地、藪などで見かける。秋に、よく目立つ朱赤色の実が生る。実は赤くなると苦みがあるので食用には向かない。「カラスも食べないウリ」が名前の由来。白いレースを広げたような芸術的な美しい花を咲かせるが、花が咲くのは夜だけなので、花を観察してみたい場合は、昼間に開花しそうなつぼみを見つけておくことがポイント。

●科　名：ウリ科カラスウリ属
●花　色：○白色
●学　名：Trichosanthes cucumeroides

夏　山辺の町

| | |
|---|---|
| 分　類 | 多年草 |
| 草　丈 | 300～500cm（つる性） |
| 花　期 | 8～9月 |
| 分　布 | 本州～九州 |
| 生育地 | 林縁、藪 |
| 別　名 | タマズサ |

夏は夜に咲くレース状の花、秋は赤い実が目立つ

1月 2月 3月 4月 5月 6月 7月 8月 9月 10月 11月 12月

## キカラスウリ

【黄烏瓜】

林縁や藪などで見かける。カラスウリ（上欄）との違いは、実が黄色くてひとまわり大きいということだけではなく、熟すと甘くなり鳥たちによく食べられる。それに、花のレース部分が短いことも違う。芋状の根茎にはデンプン質が多く含まれていて、このデンプンを天瓜粉（ベビーパウダー）と呼び、赤ちゃんの汗疹や湿疹などの薬にする。

●科　名：ウリ科カラスウリ属
●花　色：○白色
●学　名：Trichosanthes kirilowii var. japonica

| | |
|---|---|
| 分　類 | 多年草 |
| 草　丈 | 300～500cm（つる性） |
| 花　期 | 8～9月 |
| 分　布 | 日本全土 |
| 生育地 | 林縁、藪 |
| 別　名 | |

実は黄色で、レース状の花弁は太くて短い

1月 2月 3月 4月 5月 6月 7月 8月 9月 10月 11月 12月

165

### ❖植物名

標準和名のほか、一般的に呼ばれている名前をカタカナで表記しています。

### ❖漢字名

和名の一般漢字表記ですが、一部漢名を記載したものもあります。学名で呼ばれているものなど、漢字表記のないものもあります。

### ❖毒草

毒草には植物名の横にドクロのマークを置いています。

### ❖科名

植物は形や性質などによって分類されます。科名はその植物が属する大きなグループの名称です。なお、本書ではAPG分類体系に基づいています。

### ❖花色

その植物の主な花の色を示しています。●は朱赤色、●は桃色、●は黄色、●は橙黄色、●は青色、●は青紫色、●は淡緑色、●は淡褐色、○は白色を表しています。ただし、花色は微妙な色合いもありますので、あくまで目安としてお役立てください。

### ❖学名

植物には「学名」と呼ばれる世界共通の正式な名前があります。学名はラテン語で表記され、属名と種小名の組み合わせで1つの植物を表します。属名というのは、仲間分けするときの、互いに似かよった小さいグループのことです。種小名は、その植物の特徴を表す言葉です。

しずれることがあります。
●分布：日本国内での分布地域を示しています。
●生育地：その植物が生えているのをよく見かける場所のことです。
●別名：タイトルに使用した植物名以外で、よく使われる名前です。なお、別名欄が空白になっている場合は、よく知られている別名はありません、という意味です。

# ❖――もくじ

春

市街地

# ノゲシ

【野芥子、野罌粟】

◉科　名：キク科ノゲシ属
◉花　色：黄色
◉学　名：Sonchus oleraceus

暖かい地域であれば、市街地の道端や草むらなどで、1年中咲いている。葉がケシの葉に似ているのでノゲシという。若葉をおひたしや胡麻(ごま)和えなどにすると、少し苦味があるが美味(おい)しい。似ているオニノゲシ（右ページ）との見分け方のポイントは葉の棘(とげ)。オニノゲシの棘は触ると痛いがノゲシの棘は痛くない。

|  |  |
|---|---|
| 分　類 | 2年草 |
| 草　丈 | 50～100cm |
| 花　期 | 3～10月 |
| 分　布 | 日本全土 |
| 生育地 | 道端、畑 |
| 別　名 | ハルノノゲシ、ケシアザミ |

花は主に春～初夏に咲くが、暖かい地域ではほぼ1年中見かける

## 観察のポイント!

葉は柔らかく互生する。上部の葉は柄がなく基部が茎を抱き、両端が尖って後方に突き出る

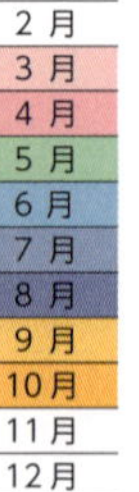

晩秋～冬の姿。ロゼット

花。舌状花が80枚以上ある

綿毛。冠毛をつけた実は風で飛ぶ

# オニノゲシ

**【鬼野芥子、鬼野罌粟】**

◉科　名：キク科ノゲシ属
◉花　色：●黄色
◉学　名：Sonchus asper

春

市街地

名前に「オニ」が付いているのは、葉が尖(とが)っていて、棘が痛く、緑も濃く、全体に荒々しい感じがするから。ノゲシと同じような場所に生え、同じ時期に頭花（巻頭用語欄参照）を開き、茎や葉を傷つけると、白い乳液を出すところも似ているが、ノゲシは古い時代に中国から入ってきたのに対して、オニノゲシは明治時代に渡来した。

| | |
|---|---|
| 分　類 | 2年草 |
| 草　丈 | 50～120cm |
| 花　期 | 3～10月 |
| 分　布 | 日本全土（帰化植物） |
| 生育地 | 道端、荒れ地 |
| 別　名 | |

頭花は舌状花のみで直径2㎝ほど。茎や枝の先に数個つく

**観察のポイント！**

葉は濃緑色で表面に光沢がある。基部が茎を抱くが、半円状でノゲシのように後方に突き出ない

晩秋～冬の姿。ロゼット

葉縁の鋭い棘は触れると痛い

昼前には花が閉じる

1月
2月
3月
4月
5月
6月
7月
8月
9月
10月
11月
12月

春

市街地

# ジシバリ

**【地縛り】**

◉科　名：キク科タカサゴソウ属
◉花　色：●黄色
◉学　名：Ixeris stolonifera

ジシバリの「ジ」は「地」、「シバリ」は「縛り」のことで、まるで地面を縛りつけるように茎を広げるのでこの名が付いた。春に道端や畑の畔（あぜ）などで見かける。タンポポに似ているが花が一重で、茎が細く、葉の形も違う。ニガナ（P.69）の仲間で、岩場に生えるのでイワニガナとも。オオジシバリ（右ページ）はひとまわり大きい。

| | |
|---|---|
| 分　類 | 多年草 |
| 草　丈 | 10cm |
| 花　期 | 4～7月 |
| 分　布 | 日本全土 |
| 生育地 | 道端、畑の畦 |
| 別　名 | イワニガナ、ハイジシバリ |

**観察のポイント!**

細い茎がところどころから根を出してふえていく。一面に群生するところもある

茎が地面を這って一面に広がり、長い柄を立て頭花をつける

早春の姿。ロゼット

葉は卵円形～広卵形で柄がある

花は舌状花のみで直径約２㎝

1月
2月
3月
4月
5月
6月
7月
8月
9月
10月
11月
12月

# オオジシバリ
【大地縛り】

●科　名：キク科タカサゴソウ属
●花　色：黄色
●学　名：Ixeris debilis

春

市街地

全体の感じがジシバリ（左ページ）とよく似ていて、生えている場所もほぼ同じなので、見分けるコツを知っておきたい。オオジシバリの葉は大きくてヘラ形だが、ジシバリの葉は小さくて丸みがある。また、オオジシバリは花茎（地下茎や根から直接出て、ほとんど葉をつけず、花をつける茎のこと）に葉を１枚つけるがジシバリはつけない。

| 分　類 | 多年草 |
|---|---|
| 草　丈 | 10～30cm |
| 花　期 | 4～7月 |
| 分　布 | 日本全土 |
| 生育地 | 道端、田の畦 |
| 別　名 | ツルニガナ |

ジシバリよりも全体に大形で、花茎は高さ約20cmほどになる

## 観察のポイント!

ジシバリとよく似ているが葉の形で見分けられる。手前はジシバリで奥はオオジシバリの葉

早春の姿。ロゼット

花は舌状花のみで直径約３cm

花と冠毛をつけた実が混じる

# セイヨウタンポポ

【西洋蒲公英】

◉科　名：キク科タンポポ属
◉花　色：●黄色
◉学　名：Taraxacum officinale

わが国には約 20 種のタンポポが自生している。しかし都市部で見かけるものは、ほとんどがセイヨウタンポポ。日本在来のカントウタンポポなどはセイヨウタンポポに押され郊外に逃げ出してしまった。セイヨウタンポポが都市部に広がったのは、生育期間が短く、繁殖力が旺盛で、授粉しなくても結実する単為生殖でも増えるから。

| | |
|---|---|
| 分　類 | 多年草 |
| 草　丈 | 15～30cm |
| 花　期 | 3～9月 |
| 分　布 | 日本全土(ヨーロッパ原産) |
| 生育地 | 道端、荒れ地 |
| 別　名 | |

### 観察のポイント!

花の外側にある総苞外片が反り返えるのが特徴で、ほかのタンポポと区別できる

全国的に見られるタンポポで、霜が降りても花を咲かせる

早春の姿・ロゼット

綿毛をつけた実

風に飛ばされた種子から芽を出す

1月
2月
3月
4月
5月
6月
7月
8月
9月
10月
11月
12月

# カントウタンポポ

【関東蒲公英】

◉科　名：キク科タンポポ属
◉花　色：黄色
◉学　名：Taraxacum platycarpum

春

市街地

セイヨウタンポポとカントウタンポポとの見分け方は、総苞片（そうほうへん）（花の基部を包んでいる、小さいうろこ状の苞の外片）が反り返っているかどうか。セイヨウタンポポは反り返っているが、カントウタンポポは反り返えらない。セイヨウタンポポに押されて分布域が狭いのは有性生殖なので、受粉しないと果実ができないから。

| | |
|---|---|
| 分　類 | 多年草 |
| 草　丈 | 15～30cm |
| 花　期 | 3～5月 |
| 分　布 | 本州(関東地方、山梨・静岡県) |
| 生育地 | 道端、野原 |
| 別　名 | アズマタンポポ |

総苞外片が直立し角状の突起が目立つ

1月 2月 3月 4月 5月 6月 7月 8月 9月 10月 11月 12月

# カンサイタンポポ

【関西蒲公英】

◉科　名：キク科タンポポ属
◉花　色：黄色
◉欧文名：Taraxacum japonicum

四国、九州、沖縄で見かける黄色のタンポポは、このタンポポである。道端や畦や日当たりのよい草地などに生えている。花茎（チューリップやタンポポの茎のように、ほとんど葉をつくらず、花のみをつける茎のこと）が細くて高さも20㎝くらいなので、セイヨウタンポポ（左ページ）に比べるとほっそりとやさしい感じ。

| | |
|---|---|
| 分　類 | 多年草 |
| 草　丈 | 20cm |
| 花　期 | 4～5月 |
| 分　布 | 本州(長野県以西)、四国、九州、沖縄 |
| 生息地 | 道端、野原 |
| 別　名 | |

総苞片は幅が細く、ふつう角状突起がない

1月 2月 3月 4月 5月 6月 7月 8月 9月 10月 11月 12月

春

市街地

# シロバナタンポポ

【白花蒲公英】

●科　名：キク科タンポポ属
●花　色：○白色
●学　名：Taraxacum albidum

シロバナタンポポは、「常識を疑え」という言葉を裏付ける植物だ。というのは、タンポポといえば、九州や四国に住む人たちは白い花が常識で、東日本や北日本に住む人は黄色い花が常識だからだ。シロバナタンポポは花が白いだけではなく、ほかのタンポポと比べて葉が立った感じがするのも大きな特徴だ。東京周辺でもたまに見られる。

| | |
|---|---|
| 分　類 | 多年草 |
| 草　丈 | 15～40cm |
| 花　期 | 4～5月 |
| 分　布 | 本州(関東地方西部以西)、四国、九州 |
| 生育地 | 人家近く、道端 |
| 別　名 | |

1月 2月 3月 4月 5月 6月 7月 8月 9月 10月 11月 12月

雄しべが黄色いので花の中心は黄色に見える

# エゾタンポポ

【蝦夷蒲公英】

●科　名：キク科タンポポ属
●花　色：●黄色
●学　名：Taraxacum hondoense

中部地方、関東以北から北海道に分布する。特に北海道（蝦夷）に多く分布しているのでこの名が付いた。低地・山地の林縁や道端などに生える。茎の高さは20～40㎝。頭花（キク科の花のように小花が多数集まって全体が一つの花に見える花）は直径4㎝で、日本在来のタンポポの中では大きい。総苞片は反らない。

| | |
|---|---|
| 分　類 | 多年草 |
| 草　丈 | 20～40cm |
| 花　期 | 3～5月 |
| 分　布 | 北海道、本州(中部地方以北) |
| 生育地 | 道端、平地や山の草地 |
| 別　名 | |

1月 2月 3月 4月 5月 6月 7月 8月 9月 10月 11月 12月

総苞外片は広卵形で直立し、角状突起はない

# センボンヤリ

【千本槍】

◉科　名：キク科センボンヤリ属
◉花　色：○白色
◉学　名：Leibnitzia anandria

春

市街地

春に小さな白い花を咲かせる。花の裏が紫色になるので、ムラサキタンポポの別名がある。秋になると50㎝前後の花茎を伸ばし、つぼみのような花をつける。この花は開花することなく果実をつけるので閉鎖花という。閉鎖花の花茎を伸ばした姿が、大名行列の先頭を行く槍持ちが持っている毛槍に似ているので「千本槍」という名が付いた。

| | |
|---|---|
| 分　類 | 多年草 |
| 草　丈 | 10～60cm |
| 花　期 | 4～6月、9～10月 |
| 分　布 | 北海道～九州 |
| 生育地 | 道端、草地 |
| 別　名 | ムラサキタンポポ |

春は白い花を開き、秋は花が開かずに結実する閉鎖花をつける

## 観察のポイント!

春の花は、舌状花の裏が赤紫色を帯びるのでつぼみはピンクだが、開花すると白色。葉は根生する

春の花

秋の花は筒状花だけの閉鎖花

冠毛が淡褐色の果穂

1月
2月
3月
4月
5月
6月
7月
8月
9月
10月
11月
12月

春

市街地

# キツネアザミ

【狐薊】

◉科　名：キク科キツネアザミ属
◉花　色：●紅紫色
◉学　名：Hemisteptia lyrata

道端、草地、畑地、田んぼなどでよく見かける。ちょっと見るとアザミに似ているが、よく見ると葉に棘がない。総苞片に赤紫色の突起があるのもアザミとの相違点。アザミのように見えてアザミではないから、キツネにだまされたような気分になるのでこの名前が付いた。稲や麦などの栽培植物とともに日本にもたらされた史前帰化植物。

| | |
|---|---|
| 分　類 | 多年草 |
| 草　丈 | 40～80cm |
| 花　期 | 5～6月 |
| 分　布 | 本州～沖縄 |
| 生育地 | 道端、田畑、空き地 |
| 別　名 | |

上部で分枝した枝の先に、紅紫色の花が上を向いて咲く

## 観察のポイント！

頭花は筒状花のみで、花の直径は2.5㎝ほど。総苞片にとさか状の突起があるのが特徴

晩秋～冬の姿。ロゼット

葉は柔らかで、羽状に深裂する

羽毛状の冠毛をつけた実

## チチコグサモドキ

**【父子草擬】**

◉科　名：キク科ハハコグサ属
◉花　色：●茶色
◉学　名：Gnaphalium pensylvanicum

熱帯アメリカ原産の帰化植物。繁殖力が旺盛で、世界各地に分布を広げていて、日本でもほぼ全国に分布し、暖地や都心では１年中花を見かける。チチコグサ（下欄）によく似ているのでこの名が付いた。全体に白い綿毛が密生していて、葉腋（ようえき）（葉のつけ根）から出た枝に淡褐色（たんかっしょく）の小さな花を数個ずつ固めてつける。

| | |
|---|---|
| 分　類 | 1～2年草 |
| 草　丈 | 8～25cm |
| 花　期 | 4～10月 |
| 分　布 | ほぼ全国 |
| 生育地 | 道端、空き地、畑 |
| 別　名 | |

葉腋に花が固まってつき、葉は先端の方が広い

1月　2月　3月　4月　5月　6月　7月　8月　9月　10月　11月　12月

## チチコグサ

**【父子草】**

◉科　名：キク科ハハコグサ属
◉花　色：●茶色
◉学　名：Gnaphalium japonicum

日本在来種。芝生の中や土手、郊外の道端や荒れ地などに生えている。名は、ハハコグサ（P.26）に対比したもので、全体の雰囲気が似ているが、ハハコグサよりも小形で地味で、やせた感じがする。ハハコグサほどは見かけない。花の基部についた披針形の小さい葉（苞葉）がよく目立つ。花が終わると冠毛をつけたタネが風に乗って飛ぶ。

| | |
|---|---|
| 分　類 | 多年草 |
| 草　丈 | 8～25cm |
| 花　期 | 5～10月 |
| 分　布 | 日本全土 |
| 生育地 | 道端、空き地、荒れ地 |
| 別　名 | |

花は茎の先にだけつき、花時も根生葉が残る

1月　2月　3月　4月　5月　6月　7月　8月　9月　10月　11月　12月

春

市街地

# ハハコグサ

【母子草】

◉科　名：キク科ハハコグサ属
◉花　色：●黄色
◉学　名：*Gnaphalium affine*

道端や草地、畑地などでよく見かける馴染み深い雑草。春の七草のオギョウあるいはゴギョウ（御形）は本種のことである。名前の由来には諸説があるが、なるほどと思える説はない。かつては餅草にも使われたが、今はヨモギに取って代わられている。黄色い花びらのように見えるのは花の付け根にある総苞片の色。

| | |
|---|---|
| 分　類 | 2年草 |
| 草　丈 | 15～40cm |
| 花　期 | 4～10月 |
| 分　布 | 日本全土 |
| 生育地 | 道端、空き地、畑 |
| 別　名 | ホウコグサ、ゴギョウ、オギョウ |

春の七草のオギョウはこのハハコグサのこと。黄色い花をつける

**観察のポイント！**

花後、綿毛などがほおけ立つことからホウコグサの名もある。花時に根生葉はない

冬の姿。ロゼット

全体に白い毛が多い

葉はへら形か倒披針形

1月
2月
3月
4月
5月
6月
7月
8月
9月
10月
11月
12月

春

市街地

# ブタナ

【豚菜】

◉科　名：キク科エゾコウゾリナ属
◉花　色：●黄色
◉学　名：*Hypochaeris radicata*

漢字名は豚菜。このひどい名は、フランスでの俗名“Salada de pore”（豚のサラダ）を直訳したため。道端、空き地、公園の草地、道路の法面（のりめん）など、日当たりの良い場所に生えている。タンポポの仲間に似ているが、近づいて見ると花茎が50㎝以上もあるので、違いが分かる。昭和の初めごろに札幌で発見され、現在は全国に分布している。

| 分　類 | 多年草 |
|---|---|
| 草　丈 | 30～60cm |
| 花　期 | 4～10月 |
| 分　布 | 日本全土（帰化植物） |
| 生育地 | 道端、空き地、畑 |
| 別　名 | タンポポモドキ |

遠目にはタンポポに似ているが、背丈がずっと高い

**観察のポイント！**

根生葉は地面に張り付き、両面に短くて硬い毛が生えている。羽状に裂けないものもある

花茎は50㎝以上で分枝する

花は直径３～４㎝。舌状花のみ

果穂。冠毛は羽毛状

1月
2月
3月
4月
5月
6月
7月
8月
9月
10月
11月
12月

春

市街地

# コウゾリナ

**【剃刀菜、顔剃菜、髪剃菜】**

◉科　名：キク科コウゾリナ属
◉花　色：●黄色
◉別　名：Picris hieracioides subsp. japonica

日当たりのよい草地や道端などで見かける。葉や茎の全体に赤褐色の剛毛が密生しているのが特徴。この剛毛に触れると手がカミソリで切られたように感じるので「剃刀菜」という。直立した細い茎の上部で分枝して、たくさんの枝を伸ばし、枝先に 2㎝くらいの黄色い花をつける。花は初夏から秋まで咲き続ける。北海道から九州に分布。

| | |
|---|---|
| 分類 | 2年草 |
| 草丈 | 30～100cm |
| 花期 | 5～10月 |
| 分布 | 日本全土 |
| 生育地 | 道端、空き地、草地 |
| 別名 | カミソリナ |

茎の上部で枝分かれして黄色い花をつける。花期に根生葉はない

**観察のポイント!**

茎には赤褐色の短い剛毛がびっしりと生えていて、触るとざらざらする。剛毛は葉にもある

**油炒め：**山菜として利用するのはロゼット状の根生葉。油で炒め、しょうゆ、酒、みりんで味付けする

冬の姿・ロゼット

花は舌状花のみ

果穂

1月
2月
3月
4月
5月
6月
7月
8月
9月
10月
11月
12月

# コオニタビラコ

【小鬼田平子】

◉科　名：キク科ヤブタビラコ属
◉花　色：●黄色
◉別　名：Lapsanastram apogonoides

春

市街地

コオニタビラコの別名はタビラコ。キュウリグサ(P.39)の別名もタビラコ。おまけにオニタビラコ (P.30) という別種もある。さらにわかりにくくすることがある。「春の七草」ではコオニタビラコが「仏の座 (ホトケノザ)」という名で呼ばれているのだが、なんとホトケノザという名の野草が別にあるのだ (P.36)。

| 分　類 | 2年草 |
| --- | --- |
| 草　丈 | 10cm |
| 花　期 | 3～5月 |
| 分　布 | 本州～九州 |
| 生育地 | 水田、田の畦、河岸 |
| 別　名 | タビラコ |

春の七草のホトケノザは本種のこと。
根生葉の間から茎を伸ばす

黄色い花は直径1㎝ほどで、花が終わると花柄が伸びて下向きになる。若葉は食べられる

**レモンソテー：**薄切りのレモン、ソーセージとともに少量のバターとサラダ油で炒め、塩、コショウ、酒で味を調える

早春の芽生え

根生葉は羽状に深裂する

花。舌状花は6～9枚

1月
2月
3月
4月
5月
6月
7月
8月
9月
10月
11月
12月

春

市街地

# オニタビラコ
**【鬼田平子】**

◉科　名：キク科ヤブタビラコ属
◉花　色：●黄色
◉別　名：Youngia japonica

珍名なのでまず名前の由来を。この名前は「鬼」と「田平子（たびらこ）」でできている。鬼は大形の意味で田平子は、葉が“田”の面に“平”らに広がることから。名前に「～ビラコ」が付く植物の中では一番草丈が高い。家の周辺や道端などでよく見かける。全体に柔らかい毛が密生しているのが特徴で、タンポポを小さくしたような花を茎の先につける。

| 分　類 | 1～2年草 |
| --- | --- |
| 草　丈 | 20～100cm |
| 花　期 | 3～10月 |
| 分　布 | 全国 |
| 生育地 | 道端、公園、庭の隅 |
| 別　名 | |

全体に柔らかく細かい毛があり、太くて長い茎の先に花をつける

**観察のポイント！**

花は直径7～8㎜で小さいが多数咲き、暖地では周年見られる。花後、総苞の基部がふくらむ

冬の姿。ロゼット

茎につく葉は小さくて先が尖る

冠毛をつけた実

1月
2月
3月
4月
5月
6月
7月
8月
9月
10月
11月
12月

# マツバウンラン
**【松葉海蘭】**

◉科　名：オオバコ科マツバウンラン属
◉花　色：●青紫色
◉別　名：Nuttallanthus canadensis

春

市街地

1941 年に京都市伏見区向島で採集されたという記録が残る、北アメリカ原産の帰化植物。海辺で蘭に似た花を咲かせる「海蘭(うんらん)」の近縁種。葉が松葉のように細長いのでこの名が付いた。道端や荒れ地に生えているが、近年は公園の草地などに群生しているのをよく見かける。春から初夏にかけて、茎の先に青紫色のきれいな花を咲かせる。

| | |
|---|---|
| 分　類 | 2 年草または 1 年草 |
| 草　丈 | 20 ～ 60cm |
| 花　期 | 4～6月 |
| 分　布 | 本州～九州(帰化植物) |
| 生育地 | 人家の周辺、芝生 |
| 別　名 | |

全体的に細く華奢な感じで、
道端や芝生などに群生している

**観察のポイント!**

茎に線形の松葉のような葉が互生し、花は下から上に向かって咲く。花後、球形の実をつける

冬の芽生え

株元の葉は輪生か対生する

花は唇形で下唇の基部は白い

1月
2月
3月
4月
5月
6月
7月
8月
9月
10月
11月
12月

市街地

# ハルジオン

**【春紫苑】**

◉科　名：キク科ムカシヨモギ属
◉花　色：○白、●桃色
◉別　名：Erigeron philadelphicus

別名は「貧乏草」。「折ったり摘んだりすると貧乏になる」と言われている。大正時代に園芸植物として導入されたが、野に逃げ出して各地に分布。現在は繁殖しすぎで、生物法で要注意種に。よく似ているヒメジョオンは郊外に多く、市街地ではハルジオンの方が優勢。見分け方は、つぼみがうなだれていて、茎の中が空洞だとハルジオンである。

| 分　類 | 多年草 |
|---|---|
| 草　丈 | 30～100cm |
| 花　期 | 5～7月 |
| 分　布 | 日本全土(帰化植物) |
| 生育地 | 道端、荒れ地 |
| 別　名 | ハルジョオン、ビンボウグサ |

都市周辺を中心に各地に広がり、空き地を埋めるほど群生する

**観察のポイント!**

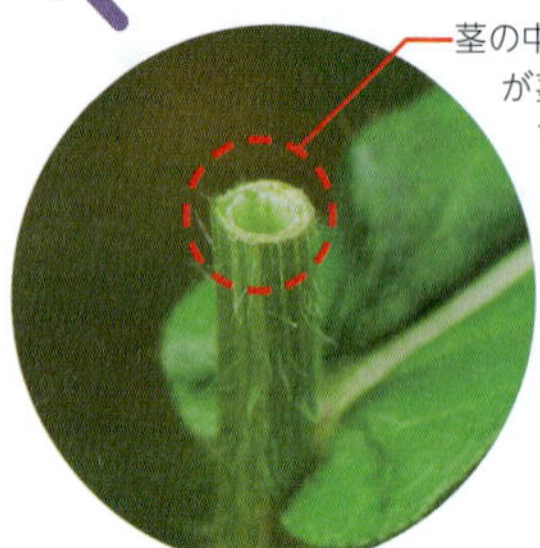

茎の中が中空で葉の基部が茎を抱いていることで、よく似たヒメジョオン(P.103)と見分けられる

冬の姿。ロゼット

つぼみのとき、花序が下を向く

花の色が濃いタイプ

1月
2月
3月
4月
5月
6月
7月
8月
9月
10月
11月
12月

# カキドオシ

【垣通し】

◉科　名：シソ科カキドオシ属
◉花　色：●桃色
◉別　名：Glechoma hederacea ssp. grandis

春

市街地

道端や庭の隅、畑のわきなどで見かける。夏になると枝をどんどん伸ばして垣根を通り抜けて広がっていくのでこの名が付いた。繁殖力が旺盛なので、庭に入りこまれると大変なことになる。民間薬として知られ、花の時期に刈り取って乾かしてお茶として飲むと子どもの疳を鎮める働きがあるのでカントリソウという別名がある。

| 分　類 | 多年草 |
|---|---|
| 草　丈 | 5～20cm |
| 花　期 | 4～5月 |
| 分　布 | 北海道～九州 |
| 生育地 | 道端、野原 |
| 別　名 | カントリソウ、レンセンソウ |

つる性の植物で、地面を這って群生する。若いうちは食用になる

## 観察のポイント！

花が咲くころは茎が直立しているが、花後は茎がつる状に伸びる。葉を揉むといい香りがする

**ペペロンチーノ：**茹でたスパゲティーを刻んだカキドオシ、ニンニク、トウガラシとともにオリーブオイルで炒め、塩、コショウで味を調える

葉。腎円形で対生する

花は唇形で葉腋につく

花時は茎が直立する

1月
2月
3月
4月
5月
6月
7月
8月
9月
10月
11月
12月

春

市街地

# オオイヌノフグリ

**【大犬の陰嚢】**

◉科　名：オオバコ科クワガタソウ属
◉花　色：●青色
◉学　名：Veronica persica

とても小さな花だが、花色がコバルトブルーなので道端や草地に目を向けると気づくことができる。明治時代に東京・上野で、日本の植物学の父・牧野富太郎博士によって発見された。花は朝開いて夕方までには散る一日花（いちにちばな）。属名（ぞくめい）（学名の前半の部分）の Veronica はゴルゴダに向かうキリストの汗をハンカチで拭き取った聖女の名前。

| | |
|---|---|
| 分　類 | 2年草 |
| 草　丈 | 5～10cm |
| 花　期 | 2～6月 |
| 分　布 | 全国(帰化植物) |
| 生育地 | 道端、空き地 |
| 別　名 | ルリカラクサ |

1月 2月 3月 4月 5月 6月 7月 8月 9月 10月 11月 12月

日が当たっているときだけブルーの花を開く

# イヌノフグリ

**【犬の陰嚢】**

◉科　名：オオバコ科クワガタソウ属
◉花　色：●淡紅白色
◉学　名：Veronica polita var. lilacina

イヌノフグリは「犬の陰嚢（いんのう）」のことで、イヌノフグリの果実の形が雄犬のふぐり、つまり陰嚢にそっくりだからこの名前に。名付けたのは牧野富太郎博士である。在来種で、昔は普通に道端などで見られたが、帰化種のオオイヌノフグリやタチイヌノフグリの勢力に圧倒され、最近は市街地では見かけない。花期は早春から春で、花色はピンク。

| | |
|---|---|
| 分　類 | 2年草 |
| 草　丈 | 10～25cm |
| 花　期 | 3～4月 |
| 分　布 | 本州～沖縄 |
| 生育地 | 道端、畑、石垣の間 |
| 別　名 | ヒョウタングサ、テンニンカラクサ |

1月 2月 3月 4月 5月 6月 7月 8月 9月 10月 11月 12月

花は直径3～4㎜。淡紅色に紅紫のすじがある

# タチイヌノフグリ
【立犬の陰嚢】

◉科　名：オオバコ科クワガタソウ属
◉花　色：●青色
◉学　名：Veronica arvensis

ユーラシア原産の帰化植物で日本各地に分布。生育地は道端や公園や畑などでオオイヌノフグリとほぼ同じような場所に生えている。しかし、茎の伸び方が違い、オオイヌノフグリは地面を這うようにして伸びていくが、タチイヌノフグリは茎が根元で分枝して立ち上がる。花は小さく、茎の上部の苞葉の陰で咲くために目立たない。

| | |
|---|---|
| 分　類 | 2年草 |
| 草　丈 | 10～30cm |
| 花　期 | 4～6月 |
| 分　布 | 全国(帰化植物) |
| 生育地 | 道端、空き地、畑、草地 |
| 別　名 | |

花が小さく、葉の間で咲くので人目につかない

| 月 |
|---|
| 1月 |
| 2月 |
| 3月 |
| 4月 |
| 5月 |
| 6月 |
| 7月 |
| 8月 |
| 9月 |
| 10月 |
| 11月 |
| 12月 |

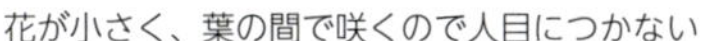

# フラサバソウ

◉科　名：オオバコ科クワガタソウ属
◉花　色：●淡青紫色
◉学　名：Veronica hederifolia

ヨーロッパ・アフリカ原産の帰化植物。明治時代に長崎で採取し、ヨーロッパのものと同じであることを報告した植物学者のフランチェット氏とサバチェル氏を記念してこの名が付けられた。ツタのような葉をつけるので、ツタバイヌノフグリとも呼ばれる。道端や草地に生える。花は小さくて淡青紫色で、萼や葉の縁に長毛がある。

| | |
|---|---|
| 分　類 | 2年草 |
| 草　丈 | 10～30cm |
| 花　期 | 4～5月 |
| 分　布 | 全国(帰化植物) |
| 生育地 | 道端、畑 |
| 別　名 | ツタバイヌノフグリ、ツタノハイヌノフグリ |

花は直径3～4㎜。萼や葉の縁に毛が多い

| 月 |
|---|
| 1月 |
| 2月 |
| 3月 |
| 4月 |
| 5月 |
| 6月 |
| 7月 |
| 8月 |
| 9月 |
| 10月 |
| 11月 |
| 12月 |

市街地

# ホトケノザ

【仏の座】

◉科　名：シソ科オドリコソウ属
◉花　色：●紅紫色
◉学　名：Lamium amplexicaule

まず、写真で葉の形を見ていただきたい。この丸い葉を仏の座るハスの花に見立てて名前が付けられた。また、葉が段々についているので、サンガイグサ（三階草）とも呼ばれる。コオニタビラコ(P.29)のところでも書いているが、春の七草で「ホトケノザ」と呼ばれているのはコオニタビラコのことで、この花ではない。

| 分　類 | 2年草 |
| --- | --- |
| 草　丈 | 10～30cm |
| 花　期 | 3～6月 |
| 分　布 | 本州～沖縄 |
| 生育地 | 道端、畑 |
| 別　名 | サンガイグサ |

春の七草のホトケノザとは別の植物で、食用にはならない

**観察のポイント！**

半円形の葉が2枚、四角い茎を囲むようにつき、葉腋に長い筒部をもつ唇形花が輪生する

ホトケノザ（仏の座）という名前のもとになったハスの花

冬を越している姿

上から見た開花前の葉

約2㎝の長い筒部をもつ唇形花

1月
2月
3月
4月
5月
6月
7月
8月
9月
10月
11月
12月

# ヒメオドリコソウ

【姫踊子草】

◉科　名：シソ科オドリコソウ属
◉花　色：●淡紅色
◉学　名：Lamium purpureum

空き地、畑などで見かける。ヨーロッパ原産の帰化植物で、明治26年に東京・駒場で発見された。在来種のオドリコソウに似ていると同時に、少し小形だったので、名前の頭にヒメ（＝小さい）が付けられた。春には市街地でもこの花やオオイヌノフグリ (P.34)、ホトケノザ（左ページ）などを見ることができる。茎の上部の葉は赤紫色。

| 分　類 | 2年草 |
| --- | --- |
| 草　丈 | 10～25cm |
| 花　期 | 3～5月 |
| 分　布 | 日本全土（帰化植物） |
| 生育地 | 道端、畑、荒れ地 |
| 別　名 | |

茎の先の葉は密集してつき、赤紫色を帯びる

1月 2月 3月 4月 5月 6月 7月 8月 9月 10月 11月 12月

---

# オドリコソウ

【踊子草】

◉科　名：シソ科オドリコソウ属
◉花　色：○白色～●淡紅紫色
◉学　名：Lamium album var. barbatum

道端や雑木林の木陰、藪や竹藪など、半日陰の場所に生えている。薄化粧をしたような花の姿を、笠をかぶった踊り子に見立てて名付けられた。花の底には蜜があるので蜂がよく訪れる。子どもたちもその蜜を吸って遊んだことから、スイバナとかスイスイグサとも呼ばれる。花色は黄を帯びた白か少し汚れた感じのピンクで、白の方が多い。

| 分　類 | 多年草 |
| --- | --- |
| 草　丈 | 30～50cm |
| 花　期 | 4～6月 |
| 分　布 | 北海道～九州 |
| 生育地 | 山野の道端の半日陰 |
| 別　名 | スイバナ |

在来種で、ヒメオドリコソウを大きくした感じ

1月 2月 3月 4月 5月 6月 7月 8月 9月 10月 11月 12月

春

市街地

# キランソウ

【金瘡小草】

◉科　名：シソ科キランソウ属
◉花　色：●濃紫色
◉学　名：Ajuga decumbens

公園の草地や道端などでもたまに見かけるが、よく見かける場所は石垣や土手など。キランソウには「地獄の釜の蓋」という別名が付けられているのだが、茎が地面に張りついている様子からという説と、この草の薬効（解熱・咳止め・下痢止め）がすごいために、地獄の釜に蓋をして病人をこの世に追い返すから、という説がある。

| 分　類 | 多年草 |
| --- | --- |
| 草　丈 | 5cm |
| 花　期 | 3～5月 |
| 分　布 | 本州～九州 |
| 生育地 | 道端、庭の隅 |
| 別　名 | ジゴクノカマノフタ |

道端や庭の隅などでも見られ、美しい濃紫色の花をつける

## 観察のポイント！

茎は直立せず地を這って四方に広がる。花は唇形で、3裂した下唇が上唇より大きいのが特徴

冬の姿。ロゼット

葉は倒披針形で縮れた毛がある

葉腋につく長さ1㎝ほどの唇形花

1月
2月
3月
4月
5月
6月
7月
8月
9月
10月
11月
12月

# キュウリグサ

【胡瓜草】

◉科　名：ムラサキ科キュウリグサ属
◉花　色：●淡青紫色
◉学　名：Trigonotis peduncularis

道端、草地など、身近なところでよく見かける小さな草で、水色の愛らしい花を次々と咲かせる。この草やワスレナグサといったムラサキ科の仲間の多くは茎の先に花序（花の集団）をつけ、ゼンマイがほどけるようにして茎を伸ばして花をつけるのが特徴。若い葉を揉むとキュウリの匂いがするのでこの名前が付いた。

| | |
|---|---|
| 分　類 | 2年草 |
| 草　丈 | 10～30cm |
| 花　期 | 3～5月 |
| 分　布 | 日本全土 |
| 生育地 | 道端、庭の隅 |
| 別　名 | タビラコ |

花序の先が渦巻き状になり、淡青色の花を開く

1月 2月 3月 4月 5月 6月 7月 8月 9月 10月 11月 12月

---

# ハナイバナ

【葉内花】

◉科　名：ムラサキ科ハナイバナ属
◉花　色：●淡青紫色
◉学　名：Bothriospermum zeylanicum

道端や畑などで見かける。ただ、茎がよく枝分かれして、葉も広がるので、淡青紫色（たんせいししょく）の小さな花（直径2～3㎜）は目立たず、見つけづらい。名前の由来は、葉と葉の間に花をつけるので「葉内花（はないばな）」。キュウリグサ（上欄）によく似ているが、キュウリグサの花序がゼンマイ状に巻くのに対して、この草は巻かない。

| | |
|---|---|
| 分　類 | 1～2年草 |
| 草　丈 | 10～15cm |
| 花　期 | 3～11月 |
| 分　布 | 日本全土 |
| 生育地 | 道端、畑、庭の隅 |
| 別　名 | |

全体に毛が多く、花序の先端は巻かない

1月 2月 3月 4月 5月 6月 7月 8月 9月 10月 11月 12月

春

市街地

# トウダイグサ 毒草

【燈台草】

◉科　名：トウダイグサ科トウダイグサ属
◉花　色：●黄緑色
◉学　名：Euphorbia helioscopia

庭や道端や畑などで見かける。苞葉の中心で黄緑色の花が咲いている姿が、昔、部屋の照明に使われた燈台（明かりをともすための油を入れた皿を置く台）の上で灯火が燃えている感じに似ているのでこの名が付いた。海の灯台とは関係ない。茎や葉を切ると白い乳液が出る。液に触れるとかぶれる有毒植物だから注意が必要。

| | |
|---|---|
| 分　類 | 2年草 |
| 草　丈 | 20～30cm |
| 花　期 | 4～6月 |
| 分　布 | 本州～沖縄 |
| 生育地 | 道端、土手、草地、河原 |
| 別　名 | ズズフリバナ |

**観察のポイント！**

壺形の総苞に数個の雄しべと1つの雌しべがあり、のちに果実になる雌しべは壷の外に垂れる

枝の先に花茎を立てて広がり、黄緑色の花のようなものをつける

冬を越している姿

葉はへら形で互生する

春に茎が群がって立ち花をつける

1月 2月 3月 4月 5月 6月 7月 8月 9月 10月 11月 12月

# レンゲソウ

【蓮華草】

●科　名：マメ科ゲンゲ属
●花　色：●紅紫色、○白色
●学　名：Astragalus sinicus

春

市街地

ゲンゲはレンゲソウの別名。中国原産の植物ということもあり、ゲンゲは中国名の「翹揺」を音読みにしたものと言われている。かつて、畑でよく見かけたのは、緑肥（根に根粒があり、窒素化合物を生産し土壌を肥やす）だったからで、今は化学肥料が使われるため見かけなくなった。蓮華草の名は、花の形が蓮（はす）の花に似ているため。

| | |
|---|---|
| 分　類 | 2年草 |
| 草　丈 | 10～25cm |
| 花　期 | 4～6月 |
| 分　布 | 日本全土（帰化植物） |
| 生育地 | 水田、水田近くの道端、川辺 |
| 別　名 | ゲンゲ、レンゲ |

紅紫色の花は長い花柄の先に咲き、ミツバチの蜜源としてもお馴染み

**観察のポイント！**

花は、小さな蝶形花が7～10個放射状に並んだもの。ハスの花に似ているので蓮華草という

**草花遊び：**10～20㎝の長い柄を利用してつくる花のネックレス

葉は羽状複葉で小葉は7～11枚

つぼみ

先が尖った豆果

1月
2月
3月
4月
5月
6月
7月
8月
9月
10月
11月
12月

市街地

# カラスノエンドウ

**【烏野豌豆】**

●科　名：マメ科ソラマメ属
●花　色：●紅紫色
●学　名：*Vicia sativa* ssp. *nigra*

「カラス」は熟した莢や豆果が黒いため。「エンドウ」は豌豆（エンドウマメのこと）からで、カラスノエンドウは「野に生える豌豆」の意味。道端、公園、庭、草地、畑などでよく見かけるつる性の越年草。小さいが、紅紫色の蝶形花が美しい。葉の付け根にある三角形の托葉の真ん中に蜜腺があるため、アリが群がっているのを見かける。

|  |  |
|---|---|
| 分　類 | 2年草 |
| 草　丈 | 30～100cm |
| 花　期 | 3～6月 |
| 分　布 | 本州～沖縄 |
| 生育地 | 道端、畑、野原 |
| 別　名 | ヤハズエンドウ |

**観察のポイント！**

葉は3～7対の小葉からなる羽状複葉で、先は巻きひげになる。花は紅紫色の蝶形花

日当たりのよい道端などで、ふつうに見られる身近な野草

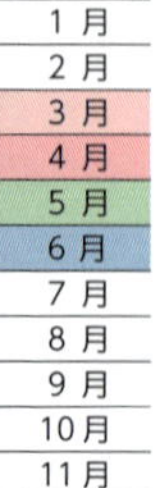

成長初期の姿

斜上する長さ3～5㎝の若い実

熟して黒くなった実

春

# スズメノエンドウ

【雀野豌豆】

◉科　名：マメ科ソラマメ属
◉花　色：●白紫色
◉学　名：Vicia hirsuta

道端、公園、草地、畑などいった場所にカラスノエンドウ (P.42) といっしょに生えているのをよく見かける。カラスノエンドウと比べると全体にやや小さいのでエンドウの前に「スズメ」が付けられた。小ぶりの莢が一つの花茎(花のみをつける茎) にたくさんつくことも特徴の一つ。豆果 (種子の入った莢) の表面に細毛があることも特徴。

| 分　類 | 2年草 |
|---|---|
| 草　丈 | 30～50cm |
| 花　期 | 4～6月 |
| 分　布 | 本州～沖縄 |
| 生育地 | 道端、畑、野原 |
| 別　名 | |

全体に小形で、カラスノエンドウよりも繊細

1月
2月
3月
4月
5月
6月
7月
8月
9月
10月
11月
12月

---

# カスマグサ

【かす間草】

◉科　名：マメ科ソラマメ属
◉花　色：●淡青紫色
◉学　名：Vicia tetrasperma

カラスノエンドウとスズメノエンドウの自然交雑種 (人工的に交配したものではなく、自然に他の種や品種の花粉がついて生じた植物のこと)。この名前は、カスマグサがカラスノエンドウとスズメノエンドウの間くらいの大きさだったので、カラスノエンドウの「カ」とスズメノエンドウの「ス」と間の「マ」を組み合わせてつくられた。

| 分　類 | 2年草 |
|---|---|
| 草　丈 | 30～60cm |
| 花　期 | 4～5月 |
| 分　布 | 本州～沖縄 |
| 生育地 | 道端、畑、草地、土手 |
| 別　名 | |

長い柄の先に淡青紫色の花が、ふつう2個咲く

1月
2月
3月
4月
5月
6月
7月
8月
9月
10月
11月
12月

春

市街地

## セイヨウミヤコグサ

**【西洋都草】**

- ◉科　名：マメ科ミヤコグサ属
- ◉花　色：黄色
- ◉学　名：Lotus corniculatus var. corniculatus

道端、法面（のりめん）、草地、荒れ地などで見かける。ヨーロッパ原産の帰化植物。1970年の初めに北海道や長野県で“発見”された。近年はワイルドフラワー(野生植物)として法面などに種が播（ま）かれるようになり、今はほぼ全国に帰化している。よく似た在来種のミヤコグサと見分けるポイントは葉の表面の毛の有無。毛があるほうがセイヨウミヤコグサ。

|  |  |
|---|---|
| 分　類 | 多年草 |
| 草　丈 | 15～35㎝ |
| 花　期 | 5～6月 |
| 分　布 | 北海道～九州(帰化植物) |
| 生育地 | 道端、畑、草地、土手 |
| 別　名 | |

1月 2月 3月 4月 5月 6月 7月 8月 9月 10月 11月 12月

道端などに生え、柄の先に4～8個の蝶形花を開く

---

## ミヤコグサ

**【都草】**

- ◉科　名：マメ科ミヤコグサ属
- ◉花　色：黄色
- ◉学　名：Lotus corniculatus var. japonicus

道端や公園、線路脇、土手などで見かける。京都に多く生えていたためこの名前に。花の形が烏帽子（えぼし）に似ているので、エボシグサとも呼ばれる。葉や茎に毛がなく、茎が地面を這って広がっていく。葉の付け根から伸ばした花柄（かへい）の先に蝶形花（ちょうけいか）をつけて春から秋まで咲き続ける。市街地で見かけるのはセイヨウミヤコグサ(上欄)がほとんど。

|  |  |
|---|---|
| 分　類 | 多年草 |
| 草　丈 | 15～35㎝ |
| 花　期 | 4～10月 |
| 分　布 | 日本全土 |
| 生育地 | 草地、土手、河原、海岸 |
| 別　名 | エボシグサ |

1月 2月 3月 4月 5月 6月 7月 8月 9月 10月 11月 12月

茎が地面を這い柄の先に1～3個の蝶形花を開く

春

市街地

# ムラサキハナナ

**【紫花菜】**

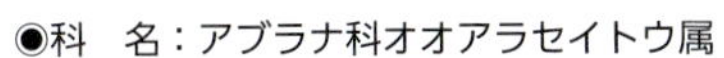
◉科　名：アブラナ科オオアラセイトウ属
◉花　色：●淡紫色～●紅紫色
◉学　名：Orychophragmus violaceus

たくさんの別名がある。別の植物図鑑ではショカツサイがタイトルでこのムラサキハナナ（紫色の花を咲かせる菜の花の意）が別名になっていることもある。他の別名はハナダイコン、オオアラセイトウ、シキンソウ、シキンサイ。春になると市街地の道端や草地、空き地などでよく見られ、道行く人に春を告げる花として親しまれている。

| | |
|---|---|
| 分　類 | 2年草 |
| 草　丈 | 30～80㎝ |
| 花　期 | 3～5月 |
| 分　布 | 日本全土（帰化植物） |
| 生育地 | 道端、空き地、草地、土手 |
| 別　名 | オオアラセイトウ、ショカツサイ、ハナダイコン |

公園などでも見られるが、
種子でふえるので各地で野生化している

## 観察のポイント！

根生葉や下部の葉は羽状に深く裂けているが、上部の葉は裂けず、柄がなく基部が茎を抱く

芽生え

冬の姿。ロゼット

花弁は4枚、雄しべは6本ある

1月
2月
3月
4月
5月
6月
7月
8月
9月
10月
11月
12月

春

市街地

# ヘビイチゴ

【蛇苺】

◉科　名：バラ科キジムシロ属
◉花　色：●黄色
◉学　名：Potentilla hebiichigo

湿っている道端や畑や田んぼの畦道といった、日当たりはいいのだが湿っている場所で見かける。苺に似た果実に惹きつけられるが、これは果実ではなく花托（かたく）がふくらんだもの。果実に似ているので偽果（ぎか）と呼ばれる。名前は、中国名をそのまま使用しているが、走出枝（そうしゅつし）を伸ばして地上を這っている姿が蛇に似ているため、という説もある。

| 分　類 | 多年草 |
|---|---|
| 草　丈 | 5～20㎝ |
| 花　期 | 4～6月 |
| 分　布 | 日本全土 |
| 生育地 | 道端、田の畦 |
| 別　名 | ドクイチゴ、クチナワイチゴ |

つる性の茎を伸ばして群生する。赤い実は食べても美味しくない

**観察のポイント！**

細い茎が地面を横に這い、節々から根を出し、新しい株をつくってふえていく

花は黄色で直径 1.2～1.5㎝

葉は黄緑色で小葉の先は鈍頭

果実はほぼ球形で表面が白っぽい

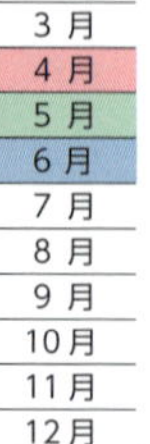

# ヤブヘビイチゴ
**【藪蛇苺】**

◉科　名：バラ科キジムシロ属
◉花　色：●黄色
◉学　名：Potentilla indica

春

市街地

ヘビイチゴ（左ページ）によく似ているが、全体的にやや大きく、やや日陰に生える。ただ、湿っている場所に生える点はヘビイチゴと同じで、たしかに藪のようなところで生えてはいるが、藪にだけ生育するわけではなく、ヘビイチゴと同じような場所に生えている。ヘビイチゴと比べると葉の緑色が濃く、実も光沢がある。

| | |
|---|---|
| 分　類 | 多年草 |
| 草　丈 | 5～20㎝ |
| 花　期 | 4～6月 |
| 分　布 | 本州～九州 |
| 生育地 | 藪、林縁 |
| 別　名 | |

ヘビイチゴより全体に大形で、林縁や半日陰の道端などで見られる

## 観察のポイント！

花も実も直径約2㎝。萼より大きな副萼片が目立つ。葉はヘビイチゴよりやや色が濃い

花弁の外に副萼片が出ている

実。ヘビイチゴより大きく光沢がある

葉は濃緑色で3枚の小葉をつける

春

市街地

# ナズナ

【薺】

◉科　名：アブラナ科ナズナ属
◉花　色：○白色
◉学　名：Capsella bursa-pastoris

道端、荒れ地、田畑などいたるところで見かける。春の雑草を代表する植物で、春の七草の一つでもある。白い小さな十字花を多数つける。名の由来の一つに「撫菜（なでな）」がある。「撫でたいほど可愛い草」という意味。果実の形が、三味線を弾くときに使うバチに似ているのでペンペングサの名も（三味線はバチでぺんぺん弾くので）。

| | |
|---|---|
| 分　類 | 2年草 |
| 草　丈 | 10～40㎝ |
| 花　期 | 3～6月 |
| 分　布 | 日本全土 |
| 生育地 | 道端、田畑 |
| 別　名 | ペンペングサ、シャミセングサ |

春の七草の1つで、バチ形の実が特徴的

## 観察のポイント！

下部の葉は羽状に裂けるが上部の葉は裂けない。白い花が咲いている下には実ができている

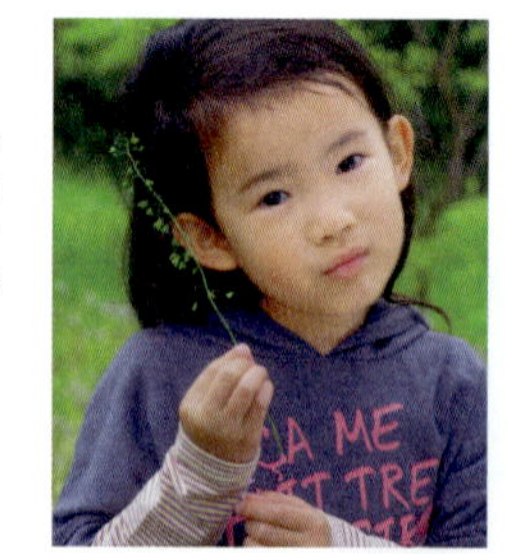

**草花遊び：** 実の柄を下に引っ張り耳元で振ると、シャラシャラと音がする

冬の姿。ロゼット

花は白い十字形花で、雄しべ6本

実は三味線のバチに似る。無毛

1月
2月
3月
4月
5月
6月
7月
8月
9月
10月
11月
12月

# イヌナズナ

【犬薺】

●科　名：アブラナ科イヌナズナ属
●花　色：●黄色
●学　名：Draba nemorosa

春

道端、庭、畑、草地などで見かける。春先にいち早く背を伸ばし、茎の先端に小さな黄色い花を咲かせる。葉や実に毛が密に生えている。名の頭に付いている「イヌ」は「人間にとって役立たない」という意味。全体はナズナに似ているが食べられないので（ナズナは春の七草で食べられる）「イヌ」が冠せられた。

| | |
|---|---|
| 分　類 | 2年草 |
| 草　丈 | 10～20cm |
| 花　期 | 3～6月 |
| 分　布 | 北海道～九州 |
| 生育地 | 道端、草地 |
| 別　名 | |

黄色い4弁花を開き、平たい楕円形の実をつける

| 月 |
|---|
| 1月 |
| 2月 |
| 3月 |
| 4月 |
| 5月 |
| 6月 |
| 7月 |
| 8月 |
| 9月 |
| 10月 |
| 11月 |
| 12月 |

# マメグンバイナズナ

【豆軍配薺】

●科　名：アブラナ科マメグンバイナズナ属
●花　色：●緑白色
●学　名：Lepidium virginicum

空き地、河原、道端などの、やや乾いた場所で見かける。成長すると茎の上部が枝分かれして、箒（ほうき）を逆さまにした感じになり、茎の先端に小さな白い花を咲かせる。名のグンバイは相撲の行司が使う軍配の意。本種にも、本種より少し大きいグンバイナズナにもできる果実（短角果（たんかくか））の形が、あの軍配に似ているのでこの名が付いた。

| | |
|---|---|
| 分　類 | 2年草 |
| 草　丈 | 20～50cm |
| 花　期 | 5～6月 |
| 分　布 | 北海道～九州(帰化植物) |
| 生育地 | 道端、草地 |
| 別　名 | |

花は緑白色で小さく、平たい円形の実をつける

| 月 |
|---|
| 1月 |
| 2月 |
| 3月 |
| 4月 |
| 5月 |
| 6月 |
| 7月 |
| 8月 |
| 9月 |
| 10月 |
| 11月 |
| 12月 |

春
市街地

# イヌガラシ
【犬芥子】

◉科　名：アブラナ科イヌガラシ属
◉花　色：●黄色
◉学　名：Rorippa indica

道端や空き地、草地などで見かけるが、やや湿った場所に多い。茎はよく枝分かれしながら伸び、枝先に黄色の小さい十字花を多数咲かせる。本種は、セイヨウカラシナ（P.53）に似ているが、セイヨウカラシナ（ナノハナ）が普通に食べられるのに対して、葉に淡い辛味があるためか「役に立たない種」とされて、名の頭に「イヌ」が付けられている。

| | |
|---|---|
| 分類 | 多年草 |
| 草丈 | 20～40cm |
| 花期 | 4～11月 |
| 分布 | 日本全土 |
| 生育地 | 道端、草地 |
| 別名 | ノガラシ、アゼガラシ |

茎はよく分枝し、直径4～5㎜の黄色い4弁花を次々と咲かせる

## 観察のポイント！

果実は細長い円柱形で、上向きに湾曲するので、よく似たスカシタゴボウと区別できる

冬の姿。根生葉は羽状に裂ける

茎につく葉は裂けない

花は4弁で、雄しべ6本

1月
2月
3月
4月
5月
6月
7月
8月
9月
10月
11月
12月

# スカシタゴボウ
【透かし田牛蒡】

◉科　名：アブラナ科イヌガラシ属
◉花　色：●黄色
◉学　名：Rorippa palustris

春

市街地

田んぼや湿った畑や草地などで見かける。よく枝分かれする茎を上に伸ばし、枝先に小さな黄色い花を多数咲かせる。アブラナ科は花が似ているので、果実が見分けるときのポイント。似ているイヌガラシ（P.30）の果実は線形だが、本種の果実はずんぐりとして円筒状。名前の「透かし」は由来が不明。「田牛蒡（たごぼう）」は田に生えるゴボウの意。

| | |
|---|---|
| 分　類 | 1～2年草 |
| 草　丈 | 35～50cm |
| 花　期 | 4～6月 |
| 分　布 | 日本全土 |
| 生育地 | 道端、水田 |
| 別　名 | |

観察のポイント！

果実は短い円柱状でほぼ同じくらいの柄がある。イヌガラシと違ってずんぐりしている

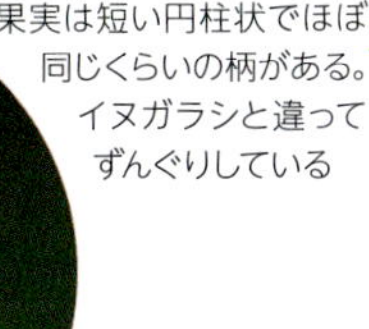

少し湿ったところに生え、直径が3～4㎜の小さな花をつける

冬の姿。根生葉は切れ込みが深い

茎につく葉は切れ込みが少ない

4弁花はイヌガラシより小さい

1月
2月
3月
4月
5月
6月
7月
8月
9月
10月
11月
12月

春

市街地

# セイヨウアブラナ
**【西洋油菜】**

◉科　名：アブラナ科アブラナ属
◉花　色：●黄色
◉学　名：Brassica napus

「菜の花」と呼ばれるものは、このセイヨウアブラナかセイヨウカラシナ（右ページ）であることが多い。食用油の原料なので油菜。草地や畑、空き地や土手などに群生し、市街地でも見かける。葉の基部が茎を取り巻いているのが特徴。花は鮮やかな黄色の十字花。ちなみに、司馬遼太郎はこの花が好きだったので、命日は「菜の花忌」と名付けられた。

| 分　類 | 1～2年草 |
|---|---|
| 草　丈 | 30～150cm |
| 花　期 | 3～5月 |
| 分　布 | 日本全土（帰化植物） |
| 生息地 | 道端、土手、草地、空き地 |
| 別　名 | ナノハナ |

一般にナノハナと呼ばれるもので、土手や道端に群落をつくる

## 観察のポイント！

葉は長楕円形で柔らかく、茎の基部を抱く。茎や葉が粉白を帯び白っぽく見えるのが特徴

大きな葉を広げている早春の株

食べごろのつぼみをつけた若い株

花は黄色の4弁花

1月
2月
3月
4月
5月
6月
7月
8月
9月
10月
11月
12月

# セイヨウカラシナ

**【西洋芥子菜】**

●科　名：アブラナ科アブラナ属
●花　色：黄色
●学　名：Brassica juncea

春

市街地

草地や畑、空き地や土手などでセイヨウアブラナ(左ページ)に混じって生え、群落をつくっている。種子から芥子(からし)をつくるので芥子菜。セイヨウアブラナとの見分け方は葉の基部がポイント。アブラナは基部が茎を取り巻いているが、カラシナは取り巻いていない。また、葉をかじるとカラシナはピリッと辛いのもポイント。

| | |
|---|---|
| 分　類 | 1～2年草 |
| 草　丈 | 30～100cm |
| 花　期 | 4～5月 |
| 分　布 | 本州以西(帰化植物) |
| 生息地 | 道端、土手、草地、空き地 |
| 別　名 | カラシナ |

**観察のポイント!**

葉の幅が狭く、セイヨウアブラナと違って基部が茎を抱かない。全体にやせた感じがする

セイヨウアブラナと一緒に生えていることが多い。葉に辛みがある

早春の株

食用にする若い株

花はセイヨウアブラナよりやや小さい

1月
2月
3月
4月
5月
6月
7月
8月
9月
10月
11月
12月

春

市街地

# ミドリハコベ

【緑繁縷】

◉科　名：ナデシコ科ハコベ属
◉花　色：○白色
◉学　名：Stellaria neglecta

道端や畑、庭などで見かける。春の七草の一つで、昔から食用の野草として重宝されてきた。茎が緑色なのでこの名前が付いた。仲間のコハコベは茎の赤みが強いので見分けられる。本種は、単にハコベと呼ばれる場合も多い。ハコベという名前の由来は、古名の「ハクベラ」が「ハコベラ」になり、「ハコベ」に転じたという説がある。

| 分類 | 1～2年草 |
|---|---|
| 草丈 | 10～30cm |
| 花期 | 3～11月 |
| 分布 | 北海道~九州 |
| 生育地 | 道端、田畑、草地、庭の隅 |
| 別名 | ハコベ |

春の七草の1つ。畑や植え込みの中などどこでも見られる雑草

**観察のポイント！**

白い5弁花だが各花弁が2裂して10弁のように見える。雄しべは4～10個、花柱は3個

**スクランブルエッグ：** 調味した溶き卵に細かく刻んだハコベを混ぜて、フライパンで焼く

葉は卵形。下部の葉は柄がある

茎の上部につく葉は柄がない

花後、花柄が下向きに曲がる

1月
2月
3月
4月
5月
6月
7月
8月
9月
10月
11月
12月

# ウシハコベ

**【牛繁縷】**

●科　名：ナデシコ科ハコベ属
●花　色：○白色
●学　名：Stellaria aquatica

春

市街地

日本全土に分布している。河原や溝、畑でもやや湿ったところで見かける。ハコベに似ているが、本種のほうがかなり大きいので、大型動物の「ウシ（牛）」を冠して名付けられた。茎の下部は地を這い、上部は斜めに立ち上がる。葉は大きな卵形でシワが多く対生し、茎の下部に付く葉には柄があるが、上部に付く葉には柄はなく茎を抱く。

| 分　類 | 1～2年草 |
|---|---|
| 草　丈 | 20～50cm |
| 花　期 | 4～10月 |
| 分　布 | 北海道～九州 |
| 生育地 | 道端、田畑、草地、藪 |
| 別　名 | |

ハコベに比べて全体に大形で、
茎の高さは 20 ～ 50㎝になる

**観察のポイント！**

10弁花に見えるが、花弁は5枚。雄しべは10本で、雌しべの花柱が5つあるのが特徴

葉は先が尖った卵形で柄がある

茎につく上部の葉は柄がない

花後、花柄が下向きに曲がる

1月
2月
3月
4月
5月
6月
7月
8月
9月
10月
11月
12月

春

市街地

# ノミノフスマ

【蚤の衾】

●科　名：ナデシコ科ハコベ属
●花　色：○白色
●学　名：Stellaria uliginosa var. undulate

畑や春の田んぼでもよく見かける。名前の衾(ふすま)は寝具のことで、本種の小さな葉の形を蚤が使う布団に見立てて名付けられた。属名の“Stellaria”はラテン語の“Stella”、つまり星を意味しているのだが、これは本種の花の形を星に見立てたもの。花は5弁花なのに、基部まで深く切れ込んでいるので、花弁が10枚あるように見える。

| 分類 | 1～2年草 |
|---|---|
| 草丈 | 5～30cm |
| 花期 | 4～10月 |
| 分布 | 北海道～九州 |
| 生育地 | 道端、田畑の畦、草地 |
| 別名 | |

全体に無毛。茎が枝分かれを繰り返しながら丸く広がっている

## 観察のポイント！

ハコベの仲間なので5弁花だが、花弁の基部近くまで2裂して、花弁が10枚あるように見える

地面に広がる早春の姿

葉は長楕円形。無柄で対生する

花の終わりごろの姿

1月
2月
3月
4月
5月
6月
7月
8月
9月
10月
11月
12月

# ノミノツヅリ

**【蚤の綴り】**

●科　名：ナデシコ科ノミノツヅリ属
●花　色：○白色
●学　名：*Arenaria serpyllifolia*

春

市街地

珍名なので名前の由来から。「綴り」には、つぎ合わせてつくった粗末な着物、という意味がある。ノミノツヅリの小さな丸い葉が集まってついている様子を、蚤が着るような着物に喩えてこの名が付けられた。非常に小さいため、気づきにくい。よく似ているノミノフスマとの見分け方は、花弁の切れ込みで、本種には切れ込みがない。

| | |
|---|---|
| 分　類 | 1～2年草 |
| 草　丈 | 11～25cm |
| 花　期 | 3～6月 |
| 分　布 | 日本全土 |
| 生育地 | 道端、畑、荒れ地 |
| 別　名 | |

**観察のポイント！**

白い花は小さく、直径5㎜ほどで萼より短い。5弁花でハコベの仲間と違って花弁が裂けない

茎にも葉にも毛があり、街中の空き地などやや乾いた所に生える

根元からよく分枝する早春の姿

葉は広卵形～長卵形で対生

花弁は5枚で萼より短い

1月
2月
3月
4月
5月
6月
7月
8月
9月
10月
11月
12月

春

市街地

# ツメクサ

【爪草】

◉科　名：ナデシコ科ツメクサ属
◉花　色：○白色
◉学　名：Sagina japonica

アスファルトの歩道のわずかな隙間で花を咲かせているのを見かける。オオバコ（P.105）と同じで、人の踏みつけに強い雑草の代表種。葉の先端が鋭く尖っているのを鳥のツメに見立てて名付けられた。漢方では漆姑草（しっこそう）と呼ばれ解熱、解毒などに効果があるとされる。庭や畑に蔓延る（はびこる）と除草が困難になるのでコゾウナカセの別名もある。

| | |
|---|---|
| 分類 | 1～2年草 |
| 草丈 | 2～20cm |
| 花期 | 3～8月 |
| 分布 | 日本全土 |
| 生育地 | 道端、庭の隅 |
| 別名 | タカノツメ、コゾウナカセ |

細い葉をつけた小さな植物で、庭の片隅や道端などで見られる

**観察のポイント！**

花は直径4㎜ほどで花弁は5枚。葉腋に1つずつ咲き、緑色の萼片や茎の上部に腺毛がある

芽生え

葉は肉厚の線形。無柄で対生する

実は卵形で、先が5裂して開く

1月
2月
3月
4月
5月
6月
7月
8月
9月
10月
11月
12月

# オランダミミナグサ

**【和蘭耳菜草】**

◉科　名：ナデシコ科ミミナグサ属
◉花　色：○白色
◉学　名：Cerastium glomeratum

春

ヨーロッパ原産の帰化植物。明治時代の末に横浜で"発見"された。今日では本州から沖縄に分布。住宅地や草地、特に都市周辺でよく見られる。全体に毛深く、葉は明るい緑色。在来種のミミナグサ（下欄）は茎が紫色を帯びるが本種は緑色のまま。白い花が茎に接するように咲く。花は日当たりがよいと開くが閉じていることも多い。

| | |
|---|---|
| 分　類 | 2年草 |
| 草　丈 | 10～45cm |
| 花　期 | 4～5月 |
| 分　布 | 本州以南（帰化植物） |
| 生育地 | 道端、畑、庭の隅 |
| 別　名 | |

全体に黄緑色で軟毛が多く、枝分かれして広がる

1月 2月 3月 4月 5月 6月 7月 8月 9月 10月 11月 12月

# ミミナグサ

**【耳菜草】**

◉科　名：ナデシコ科ミミナグサ属
◉花　色：○白色
◉学　名：Cerastium fontanum ssp. vulgare var. angustifolium

道端や畑に生えるが、今はオランダミミナグサ（上欄）に押しやられて見かけない。葉の形がネズミの耳に似ているのでこの名前が付いた。オランダミミナグサとの見分け方は茎の色で、本種は茎が暗紫色を帯びるがオランダミミナグサの方は帯びない。オランダミミナグサと比べると在来種の本種は質素でおとなしい感じがする。

| | |
|---|---|
| 分　類 | 2年草 |
| 草　丈 | 15～30cm |
| 花　期 | 4～6月 |
| 分　布 | 日本全土 |
| 生育地 | 道端、畑、庭の隅 |
| 別　名 | |

茎はふつう暗紫色を帯び、全体に毛が目立たない

1月 2月 3月 4月 5月 6月 7月 8月 9月 10月 11月 12月

春

市街地

# ナガミヒナゲシ

【長実雛罌粟、長実雛芥子】

●科　名：ケシ科ケシ属
●花　色：●橙紅色〜●紅色
●学　名：Papaver dubium

地中海沿岸・中欧原産の帰化植物。名前の頭の「ナガミ」は実(み)が細長いため。1961年に東京都世田谷区で"発見"され、急速に関東以西の各地に分布。市街地に多く、道端や空き地や電信柱の下などで見かける。オレンジ色の花がよく目立つ。花はつぼみのときは垂れているが開くときは上を向く。ケシの仲間だが、麻薬の成分は含んでいない。

| 分　類 | 1年草 |
|---|---|
| 草　丈 | 20〜60cm |
| 花　期 | 4〜5月 |
| 分　布 | 関東以西(帰化植物) |
| 生息地 | 道端、庭の隅、野原、荒れ地 |
| 別　名 | |

繁殖力が強く、街中の空き地や道沿いなど都市周辺で多く見られる

## 観察のポイント！

花は直径3〜6㎝。黒っぽい雄しべに囲まれた子房は円筒形。柱頭が放射状に伸びる

早春の姿。ロゼット

つぼみをつけた様子

2㎝ほどの細長い実が名の由来

1月
2月
3月
4月
5月
6月
7月
8月
9月
10月
11月
12月

# スイバ 毒草
**【酸葉】**

◉科　名：タデ科ギシギシ属
◉花　色：●緑紫色
◉学　名：Rumex acetosa

春

市街地

「すかんぽの咲く頃」（北原白秋作詞、山田耕筰作曲）の歌い出し「土手のすかんぽジャワ更紗」で、すかんぽの名前はよく知られているが、すかんぽはこのスイバの別名。畔道、道端、河川敷などどこでもよく見かける。茎や葉を噛むと酸っぱいのでこの名前に。酸っぱいのは硝酸を含んでいるため。ギシギシ（P.136）とよく似ている。

| | |
|---|---|
| 分　類 | 多年草 |
| 草　丈 | 30～100cm |
| 花　期 | 5～8月 |
| 分　布 | 北海道～九州 |
| 生息地 | 道端、田の畦、草地 |
| 別　名 | スカンポ |

**観察のポイント！**

雌雄異株。雌花は萼片が6枚、雌しべが1本、赤い房状の柱頭が花粉を受けやすくしている

葉や若い茎を噛むと酸っぱいが、茹でると酸っぱみは和らぐ

雄花。萼片6枚と雄しべ6本ある

翼をつけた果実

冬の姿。赤みを帯びる葉が多い

春

市街地

# ヒメスイバ 毒草

【姫酸葉】

●科　名：タデ科ギシギシ属
●花　色：●褐緑色
●学　名：Rumex acetosella ssp. pyrenaicus

明治時代の初めに渡来したユーラシア原産の帰化植物。道端や空き地などで見かけるが、繁殖力が旺盛で、現在では亜高山地帯にまで入り込んでいる。スイバ（P.61）と同様、茎や葉を噛むと酸っぱい。葉の形もスイバと同じ鉾(ほこ)形。ただ、スイバと比べると全体がやや小さいので名前の頭に「ヒメ（＝姫）」が付いている。

| | |
|---|---|
| 分　類 | 多年草 |
| 草　丈 | 20～50cm |
| 花　期 | 5～8月 |
| 分　布 | 日本全土（帰化植物） |
| 生育地 | 道端、荒れ地 |
| 別　名 | |

スイバより小形で茎が細い。
細い地下茎が横に這って増える

## 観察のポイント！

雌雄異株。花弁はないが花びらのように見えるのは萼裂片。一部果実になっているものもある

雄花。萼片6枚と雄しべ6本ある

群生する雄株

根生葉は基部が耳状に張り出す

1月
2月
3月
4月
5月
6月
7月
8月
9月
10月
11月
12月

# ノビル
【野蒜】

◉科　名：ネギ科ネギ属
◉花　色：●淡紅紫色
◉学　名：Allium macrostemon

春

市街地

草地、土手、田んぼや畑の畔などで見かける。ネギやニラの仲間で、実際にネギ臭やニラ臭がある。葉のつけ根には、多肉で球状の芽であるムカゴができる。ただ、どの株にもできるわけではなく、花だけ咲かせる株、ムカゴだけつける株、花とムカゴをつける株がある。野蒜（のびる）は『古事記』にも出ていて、鱗茎（りんけい）と葉は食用として利用されている。

| | |
|---|---|
| 分　類 | 多年草 |
| 草　丈 | 20～100cm |
| 花　期 | 5～6月 |
| 分　布 | 日本全土 |
| 生育地 | 道端、荒れ地 |
| 別　名 | ヒル、ヒルナ |

土手や道端、空き地、家の周りなどと、どこでも見られ、ネギ臭がある

**観察のポイント！**

花はわずかに紅紫色を帯びる。日当たりがよいと花よりも珠芽がつき、これが落ちてふえる

**味噌添え：** 掘り取った球根をよく洗い、味噌をつけてかじるとピリッと辛く、野趣が味わえる

葉は中空で断面は三日月状

花。種子はできない

越冬する様子

1月
2月
3月
4月
5月
6月
7月
8月
9月
10月
11月
12月

市街地

# コバンソウ

【小判草】

●科　名：イネ科コバンソウ属
●花　色：●緑色
●学　名：Briza maxima

ヨーロッパ原産の帰化植物。海沿いの砂地や道端、空き地などで見かける。垂れ下がる小穂(しょうすい)の形が小判に似ているので人気があり、園芸店で売られていることもある。観賞用に栽培されていたものが逃げ出して野生化した植物を逸出(いっしゅつ)帰化植物と言うが、本種はその代表。小穂を俵に見立てて「俵麦(たわらむぎ)」の別名も。小穂は熟すと黄褐色(おうかっしょく)になる。

| | |
|---|---|
| 分　類 | 1年草 |
| 草　丈 | 30～60cm |
| 花　期 | 5～6月 |
| 分　布 | 本州中部以南(帰化植物) |
| 生育地 | 道端、草地、海岸の砂地 |
| 別　名 | タワラムギ |

1月 / 2月 / 3月 / 4月 / 5月 / 6月 / 7月 / 8月 / 9月 / 10月 / 11月 / 12月

茎の先に小判形の小穂が下向きに垂れ下がる

# ヒメコバンソウ

【姫小判草】

●科　名：イネカ科コバンソウ属
●花　色：●緑色
●学　名：Briza minor

ヨーロッパ原産の帰化植物。コバンソウ(上欄)より早く、幕末に渡来した。海沿いの砂地や道端、空き地など、コバンソウと同じような場所で混生しているのを見かける。コバンソウの小穂の長さは1～1.5㎝だが、本種の小穂は卵形(らんけい)で長さは4㎜と小形。色は淡緑色で光沢があるが、熟してもコバンソウのように黄褐色にはならない。

| | |
|---|---|
| 分　類 | 1年草 |
| 草　丈 | 10～50cm |
| 花　期 | 5～7月 |
| 分　布 | ほぼ日本全土(帰化植物) |
| 生育地 | 道端、河原、海岸 |
| 別　名 | スズガヤ |

1月 / 2月 / 3月 / 4月 / 5月 / 6月 / 7月 / 8月 / 9月 / 10月 / 11月 / 12月

淡緑色の三角状小判形の小さな小穂が垂れ下がる

# チガヤ

**【茅、茅萱】**

◉科　名：イネ科チガヤ属
◉花　色：○白色、葯は●赤褐色
◉学　名：Imperata cylindrica var. koenigii

春

市街地

「茅葺き屋根」の茅は総称で、代表種にススキ (P.268)、カンスゲ (P.84)、このチガヤがある。在来種。茎は油分があって水をはじくため耐水性が高く、屋根を葺く材料となった。日当たりの良い土手や草地、河川敷などでよく見かける。銀色の毛が集まっているのを見るとチガヤとわかる。若い穂は茅花と呼ばれ、甘みがあって食べられる。

| 分　類 | 多年草 |
|---|---|
| 草　丈 | 30～80cm |
| 花　期 | 5～6月 |
| 分　布 | 日本全土 |
| 生育地 | 道端、河原、土手 |
| 別　名 | ツバナ |

赤紫色の葯が落ちると白い絹毛に覆われた花穂が目立つ

1月 2月 3月 4月 5月 6月 7月 8月 9月 10月 11月 12月

# イヌムギ

**【犬麦】**

◉科　名：イネ科スズメノチャヒキ属
◉花　色：●緑色
◉学　名：Bromus catharticus Vahl

南アメリカ原産の帰化植物。ムギに似ているが役に立たない（食べられない）ので名前の頭に「イヌ」が付けられているのだが、穂はあまり麦に似ていない。明治の初めに牧草として渡来したものが野生化して、今では全国に広がっている。道端、土手、草地、空き地などで群生しているのをよく見かける。花の穂は楕円形で、平たくて堅い。

| 分　類 | 多年草 |
|---|---|
| 草　丈 | 40～100cm |
| 花　期 | 4～6月 |
| 分　布 | ほぼ日本全土(帰化植物) |
| 生育地 | 道端、河原、土手 |
| 別　名 | |

緑色の平べったい小穂をつけ、夏は枯れることが多い

1月 2月 3月 4月 5月 6月 7月 8月 9月 10月 11月 12月

春

市街地

# スズメノヤリ

【雀の槍】

◉科　名：イグサ科スズメノヤリ属
◉花　色：●赤褐色
◉学　名：*Luzula capitata*

草地、土手、空き地などで見かける。茎の先に虻(あぶ)がとまっているように見えるが、この茶色い球形のかたまりは花穂(かすい)で、小さい花がたくさん集まっている。葉のふちには長くて白い毛がまばらに生えていて全体が白っぽく見える。名は、花穂を大名行列の毛槍に見立て、「その槍（花穂）は、雀が持ってそうな小さい槍だ」ということから。

| 分　類 | 多年草 |
|---|---|
| 草　丈 | 10～30cm |
| 花　期 | 4～5月 |
| 分　布 | 日本全土 |
| 生育地 | 野原、草地、土手、芝生、庭の隅 |
| 別　名 | スズメノヒエ |

## 観察のポイント!

花は先に雌しべが出て、雄しべは後から出る。花時は雄しべの黄色い葯がとても目立つ

冬は枯れていて、早春に新しい葉を出し、細い茎を立ち上げる

寒さで葉が赤みを帯びた早春の姿

雌しべが出てきたころの春の姿

葉のふちに白い毛が密生する

1月
2月
3月
4月
5月
6月
7月
8月
9月
10月
11月
12月

# スズメノテッポウ

【雀の鉄砲】

◉科　名：イネ科スズメノテッポウ属
◉花　色：淡緑色、葯は黄褐色
◉学　名：Alopecurus aequalis var. amurensis

春

市街地

田んぼや畑、草地でよく見かける。有史以前に稲や麦などの栽培植物とともに帰化した史前帰化植物の一つ。名はキリタンポを細くしたような形の花穂を、スズメが使う鉄砲に見立てた。この穂を抜き取って吹くと草笛になる。雄しべの先の葯（やく）（花粉をつくる袋状の器官）は初めはクリーム色で、花粉を放出するとオレンジ色に変化する。

| | |
|---|---|
| 分　類 | 1～2年草 |
| 草　丈 | 20～40cm |
| 花　期 | 4～6月 |
| 分　布 | 北海道～九州 |
| 生育地 | 田畑、川岸 |
| 別　名 | スズメノマクラ、ヤリクサ |

全体が柔らかく、花色は淡緑色で葯は黄褐色

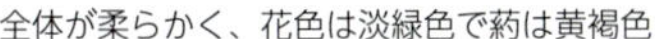

1月 2月 3月 4月 5月 6月 7月 8月 9月 10月 11月 12月

# セトガヤ

【瀬戸茅、背戸茅】

◉科　名：イネ科スズメノテッポウ属
◉花　色：淡緑色、葯は○白色
◉学　名：Alopecurus japonicus

休耕田や水田の畦などで見かける1年草の湿生（しっせい）植物（湿潤な所に生育する植物）。関東地方以西の本州・九州に分布。よく似ているスズメノテッポウ（上欄）と混生しているが、本種の方が少ない。スズメノテッポウは畑、草地など乾いた場所でも生育しているが、本種は湿潤な場所以外では見かけない。本種の方がひとまわり大きく、葯が白い。

| | |
|---|---|
| 分　類 | 1年草 |
| 草　丈 | 25～60cm |
| 花　期 | 5月 |
| 分　布 | 本州（関東地方以西）～九州 |
| 生育地 | 水田、川岸 |
| 別　名 | |

全体に白緑色。葯は白色でスズメノテッポウと区別できる

1月 2月 3月 4月 5月 6月 7月 8月 9月 10月 11月 12月

春

山辺の町

# ノアザミ
【野薊】

◉科　名：キク科アザミ属
◉花　色：●紅紫色
◉学　名：Cirsium japonicum var. japonicum

「山には山の愁(うれ)いあり～」の歌い出しで有名な「アザミの歌」。しかし、アザミという花は存在せず「アザミ」は総称。日本にはアザミが100種近くあるが、多くは山地で生育していて平地で見られる種はわずか。その代表がノアザミで、おまけに多くのアザミの中で春に咲くのは本種だけである。アザミといえば棘(とげ)で、葉のふちに鋭い棘がある。

| | |
|---|---|
| 分　類 | 多年草 |
| 草　丈 | 50～100cm |
| 花　期 | 5～8月 |
| 分　布 | 本州～九州 |
| 生育地 | 草地、土手 |
| 別　名 | |

## 観察のポイント!

花は筒状花だけの集まりで、総苞片は反り返らず、粘る。昆虫が触れると花粉が飛び出す

山野でふつうに見られ春に咲くアザミは本種だけ。上向きに咲く

早春の姿。根生葉は花期にも残る

葉。羽状に中裂し鋭い棘が多い

冠毛をつけた実は風で飛ぶ

1月
2月
3月
4月
5月
6月
7月
8月
9月
10月
11月
12月

# ニガナ

【苦菜】

●科　名：キク科ニガナ属
●花　色：●黄色
●学　名：Ixeridium dentatum ssp. dentatum

春

葉や茎を切ると出る乳液に苦味があるので、「苦い菜」でニガナという名に。土手や草地で見かける。日当たりのよい場所ではよく群生して、辺り一面を黄色く染めている。本種には変種が多く、白い花を咲かせるシロバナニガナ（下欄）、小花数が7～11個あるハナニガナ、河原で生育しているカワラニガナなどが知られている。

| 分　類 | 多年草 |
|---|---|
| 草　丈 | 20～50cm |
| 花　期 | 5～7月 |
| 分　布 | 日本全土 |
| 生育地 | 山野、道端 |
| 別　名 | |

分枝した細い茎の先に、舌状花5枚の黄花を開く

1月 2月 3月 4月 5月 6月 7月 8月 9月 10月 11月 12月

# シロバナニガナ

【白花苦菜】

●科　名：キク科ニガナ属
●花　色：○白色
●学　名：Ixeridium dentatum ssp. nipponicum var. albiflorum

全体にニガナより大きい。茎も丈夫で大きく、草丈は40～70㎝になる。頭花の直径は約2㎝もある。舌状花は白色で、数が多く8～10枚つける。シロバナニガナの品種とされているものに、ハナニガナがある。これは舌状花が黄色で、シロバナニガナ同様、8～10枚と多い。いずれもニガナ同様、茎や葉を切ると苦味のある乳液が出る。

| 分　類 | 多年草 |
|---|---|
| 草　丈 | 40～70cm |
| 花　期 | 5～7月 |
| 分　布 | 日本全土 |
| 生育地 | 山野、林下 |
| 別　名 | |

白い舌状花を8枚以上つけるニガナの変種

1月 2月 3月 4月 5月 6月 7月 8月 9月 10月 11月 12月

春

山辺の町

# フキ・フキノトウ

【蕗・蕗の薹】

◉科　名：キク科フキ属
◉花　色：黄白色
◉学　名：Petasites japonicus

フキノトウは「フキのつぼみ」のことだから、漢字でフキノトウと書く時につい「蕗の蕾」と書いてしまう人がいるのでは。フキノトウの漢字は「蕗の薹」。「蕾」ではなく「薹」。この「薹」は花茎のこと。テンプラにして食べるのはつぼみのほうで、佃煮にして食べるのは葉柄（ようへい）。北海道・東北には葉柄が2mにもなるアキタブキが生育している。

| 分　類 | 多年草 |
|---|---|
| 草　丈 | 40～50cm |
| 花　期 | 3～5月 |
| 分　布 | 本州～九州 |
| 生育地 | 山野の道端、沢沿い |
| 別　名 | |

フキの花茎のフキノトウは、淡緑色の苞に包まれ食用にされる

観察のポイント！

雌雄異株で、雌株は花後に草丈が45cmくらいに伸び、多数の果実が丸くなってつく

**フキ味噌：**茹でたフキノトウを細かく刻み、味噌とみりんを加えて油で炒める

早春、地上に出たフキノトウ

雄花。両性の筒状花だが結実しない

葉は腎円形で、花後に出てくる

1月
2月
3月
4月
5月
6月
7月
8月
9月
10月
11月
12月

春

## ニリンソウ

【二輪草】

●科　名：キンポウゲ科イチリンソウ属
●花　色：○白色
●学　名：Anemone flaccida

カタクリ(P.82)などと共にスプリング・エフェメラル（春の妖精）と呼ばれる植物の一つ。これらの植物が早春に咲かせる花の命が短いのでこの呼び名がある。林の中や林縁(りんえん)などで見かける。1本の茎に2輪の花が咲くので二輪草というが、一輪や三輪のものも。若葉は食べられるが、毒草のトリカブトに似ているので特に注意が必要。

| 分　類 | 多年草 |
|---|---|
| 草　丈 | 10～25cm |
| 花　期 | 3～6月 |
| 分　布 | 北海道～九州 |
| 生育地 | 林縁、林内 |
| 別　名 | |

はじめに1輪咲き、少したって2輪目が咲く

1月
2月
3月
4月
5月
6月
7月
8月
9月
10月
11月
12月

---

## イチリンソウ

【一輪草】

●科　名：キンポウゲ科イチリンソウ属
●花　色：○白色
●学　名：Anemone nikoensis

ニリンソウ（上欄）との違いは、ニリンソウはしばしば群生するが、本種は群生せず、ぽつんぽつんとまばらに生える。また、ニリンソウと同じく、丘陵地の林や竹林などに生えるが、中でも腐植土の多い肥沃な場所を好む。「裏紅一華(うらべにいちげ)」という別名があるのは、白い花びらに見える5枚の大きな萼片(がくへん)の裏がしばしば紅色を帯びるため。

| 分　類 | 多年草 |
|---|---|
| 草　丈 | 20～25cm |
| 花　期 | 4～5月 |
| 分　布 | 本州～九州 |
| 生育地 | 草地、林内 |
| 別　名 | |

茎の途中につく3枚の葉には柄がある

1月
2月
3月
4月
5月
6月
7月
8月
9月
10月
11月
12月

春

山辺の町

# スミレ

【菫】

◉科　名：スミレ科スミレ属
◉花　色：●濃紫色
◉学　名：Viola mandshurica

日本は、約50種ものスミレの仲間が自生している世界有数のスミレ王国である。スミレの仲間は大きく無茎種と有茎種に分けられる。無茎種タイプは葉や花茎が株元から出ていて、茎がないように見える。有茎種タイプは細い茎を立ち上げる。ただ、どんなスミレも、花の後ろに「距（きょ）」と呼ばれる突起があるのでスミレとわかる。

| | |
|---|---|
| 分　類 | 多年草 |
| 草　丈 | 7～11cm |
| 花　期 | 3～6月 |
| 分　布 | 日本全土 |
| 生育地 | 道端、草地、石垣の間 |
| 別　名 | スモウトリバナ |

1月
2月
3月
4月
5月
6月
7月
8月
9月
10月
11月
12月

地上茎のない種類で、葉柄に広い翼がある

# ノジスミレ

【野路菫】

◉科　名：スミレ科スミレ属
◉花　色：●濃紫色
◉学　名：Viola yedoensis

無茎種タイプ（上欄）のスミレ。日当たりの良い道端や草地や畑などで見かける。スミレ（上欄）に似た淡紫色の花をつけるが、本種のほうが素朴な雰囲気がある。スミレとの見分け方のポイントは、本種のほうは花の色がやや青っぽく、全体に白い短毛が生え、葉は裏面が紫色を帯びる。葉の形は三角形状の長楕円形で斜めに寝る。

| | |
|---|---|
| 分　類 | 多年草 |
| 草　丈 | 10cm |
| 花　期 | 3～5月 |
| 分　布 | 本州～九州 |
| 生育地 | 道端、草地 |
| 別　名 | |

1月
2月
3月
4月
5月
6月
7月
8月
9月
10月
11月
12月

全体に白い短毛が多く、葉柄の翼が目立たない

# アリアケスミレ

【有明菫】

◉科　名：スミレ科スミレ属
◉花　色：○白色〜●紅紫色
◉学　名：Viola betonicifolia var. albescens

日当たりのよい湿地や湿り気のある道端や石垣などで見かける。無茎種スミレ（左ページ）の一種。本種はスミレによく似ているが、スミレと比べると花の色がかなり白っぽくて、花びらに紫条（しじょう）（紫色のすじ）が長く入っているのが特徴。名前のアリアケは、この紫条が入っている感じを有明の空に見立てたことから。

| 分類 | 多年草 |
|---|---|
| 草丈 | 10〜15cm |
| 花期 | 4〜5月 |
| 分布 | 本州〜九州 |
| 生育地 | 道端、野原、土手、石垣 |
| 別名 | |

公園の隅などでも見られ、距は短くて太い

1月
2月
3月
4月
5月
6月
7月
8月
9月
10月
11月
12月

# ヒメスミレ

【姫菫】

◉科　名：スミレ科スミレ属
◉花　色：●濃紫色
◉学　名：Viola inconspicua ssp. nagasakiensis

庭先や道端や石垣のすき間などで見かける。アスファルトのひび割れから顔を出すこともある。名前の「ヒメ」は「姫」で、小さいという意味。スミレよりもひとまわり小さい。小形だが、濃紫色の花はよく目立つ。無茎種スミレ（左ページ）の一種。スミレとの違いは、葉が三角形で、基部がハート形で、葉柄に翼がないという3点。

| 分類 | 多年草 |
|---|---|
| 草丈 | 10〜15cm |
| 花期 | 3〜5月 |
| 分布 | 本州〜九州 |
| 生育地 | 道端、石垣 |
| 別名 | |

小形で可憐。距は緑白色に赤紫色の斑点がある

1月
2月
3月
4月
5月
6月
7月
8月
9月
10月
11月
12月

春

山辺の町

# タチツボスミレ

【立坪菫】

●科　名：スミレ科スミレ属
●花　色：●濃紫色
●学　名：Viola gryposeras

市街地、海辺、山地、亜高山……さまざまな場所で見かけるため、もっともよく知られている有茎種スミレ（P.72）である。名前の「立」は茎が立ち上がることから。「坪＝壺」は、庭を意味し、「この花は庭と同じで、どこにでもあって、普通によく見かける」の意。花色も個体ごとに変化に富み、あらゆる場所に群生している。

|  |  |
|---|---|
| 分　類 | 多年草 |
| 草　丈 | 10～30cm |
| 花　期 | 4～5月 |
| 分　布 | 日本全土 |
| 生育地 | 藪、道端、草地、林内、庭 |
| 別　名 | |

人家付近の道端から山地まで、いたるところでふつうに見られる

**観察のポイント！**

花は上弁2、側弁2、唇弁1の5弁花で、根元や立ち上がった茎の葉腋から出る花柄の先につく

距は細く、長さ6～8㎜

葉柄の基部につく托葉は櫛の歯状

葉は心形で葉柄が長い

1月
2月
3月
4月
5月
6月
7月
8月
9月
10月
11月
12月

春

山辺の町

# ムラサキケマン 毒草

【紫華鬘】

◉科　名：ケシ科キケマン属
◉花　色：●紅紫色
◉学　名：Corydalis incisa

林の中、田んぼの近くなどで見かける。紅紫色(こうししょく)の花がよく目立つ。「ケマンソウに似ているので紫色のケマンソウ→ムラサキケマン」が由来だが、全然似ていない。植物の名前にはこういう変なことがある。「ケマン」は、ケマンソウの花が垂れ下がっている姿が仏具の華鬘(けまん)に似ているからなのだが、本種の花が華鬘に似ているわけではない。

| 分　類 | 2年草 |
|---|---|
| 草　丈 | 20～50cm |
| 花　期 | 4～6月 |
| 分　布 | 日本全土 |
| 生育地 | やや湿った林縁、道端 |
| 別　名 | ヤブケマン |

**観察のポイント！**

花は茎の上方にびっしりとつく。開いた唇のような筒状唇形花で、後ろに突き出る距がある

全体に柔らかな感じで、茎や葉を傷つけると少し悪臭がある

春に芽生えた姿

葉は2～3回羽状に細かく裂ける

実は長さ2㎝ほどで緑のまま熟す

1月
2月
3月
4月
5月
6月
7月
8月
9月
10月
11月
12月

春

山辺の町

# ジロボウエンゴサク

毒草

【次郎坊延胡索】

●科　名：ケシ科キケマン属
●花　色：●紅紫色〜●青紫色
●学　名：Corydalis decumbens

雑木林や林縁(りんえん)や畔などで見かける。地下にある塊茎(かいけい)から数本の茎を立て、その先に数輪の花を咲かせるのだが、本種は「春の妖精」(P.71)で、早春に咲いた赤紫色の花はすぐに命を終える。昔、伊勢地方では、子どもたちが本種を次郎坊、スミレを太郎坊と呼び、花の距(きょ)を絡ませて引っ張って遊んだ。その遊びが本種の名前の由来。

| 分　類 | 多年草 |
|---|---|
| 草　丈 | 10〜20cm |
| 花　期 | 4〜5月 |
| 分　布 | 本州(関東地方以西)〜九州 |
| 生育地 | やや湿った林縁、道端 |
| 別　名 | |

ムラサキケマンに比べて花の数が少なく、全体に繊細な感じ

**観察のポイント！**

花は紅紫色〜青紫色の筒状の唇形花で、まばらにつく。かつて子どもが距をひっかけて遊んだ

早春に芽生えた姿

葉の切れ込みが少なく縁が滑らか

花は長さ 1.2〜2.2cm

1月
2月
3月
4月
5月
6月
7月
8月
9月
10月
11月
12月

# マムシグサ 毒草

【蝮草】

太い茎（じつは茎ではなく偽茎）の先に蛇が鎌首をもたげた形に似ているものがあるので名をマムシグサとしたのかと思えるが、そうではなくて、偽茎（葉鞘）にまだら模様があって、それがマムシの模様に似ているからこの名に。鎌首に見える部分が仏炎苞と呼ばれるのは、仏像の背景にある炎をかたどる飾りに似ているため。

| 分　類 | 多年草 |
|---|---|
| 草　丈 | 30～120cm |
| 花　期 | 4～6月 |
| 分　布 | 本州～九州 |
| 生育地 | 山野の林 |
| 別　名 | ムラサキマムシグサ |

●科　名：サトイモ科テンナンショウ属
●花　色：淡緑褐色～紫褐色
●学　名：Arisaema japonicum

春

山辺の町

**観察のポイント！**

茎に見える葉の鞘がマムシの模様で、鞘状の葉から伸び出る偽茎には赤褐色の斑点がある

不気味な感じがする植物で、明るい林の中や林縁などで見られる

春の芽。円錐状で斑紋がある

花のように見える仏炎苞

葉の先端が鳥足状に開く

1月
2月
3月
4月
5月
6月
7月
8月
9月
10月
11月
12月

山辺の町

## ウラシマソウ 毒草

【浦島草】

◉科　名：サトイモ科テンナンショウ属
◉花　色：●紫褐色
◉学　名：Arisaema thunbergii ssp. urashima

林や林縁、竹藪や草地、土手などで見かける。マムシグサ (P.77) も、蛇が鎌首をもたげた形に似ている仏炎苞 (P.77) が特徴だが、これはサトイモ科だけに見られる独特の総苞である。この総苞に包まれている花序 (花をつけた茎または枝) の先に付属体が長く伸びている姿を浦島太郎の釣竿に見立ててこの名が付いた。

| 分　類 | 多年草 |
| --- | --- |
| 草　丈 | 30～50cm |
| 花　期 | 3～5月 |
| 分　布 | 北海道(南部)～九州 |
| 生育地 | 山野の林内、竹薮 |
| 別　名 | |

1月
2月
3月
4月
5月
6月
7月
8月
9月
10月
11月
12月

糸状の付属体が仏炎苞から長く伸びて垂れ下がる

## ミミガタテンナンショウ 毒草

【耳型天南星】

◉科　名：サトイモ科テンナンショウ属
◉花　色：●濃紫色、●暗紫色
◉学　名：Arisaema limbatum

疎林 (木がまばらな林) の林床 (林の中の地表面) や林縁などで見かける。名前の「ミミガタ」は仏炎苞 (P.77) の口の部分の縁が、耳たぶの形に似ていて、下に垂れているように見えることから。「テンナンショウ」は本種の漢名「天南星」の日本語読みから。花が早く咲き、花後に葉が開く。雌雄異株で、毒があるので要注意。

| 分　類 | 多年草 |
| --- | --- |
| 草　丈 | 30～80cm |
| 花　期 | 4～5月 |
| 分　布 | 本州、四国 |
| 生育地 | 山野の林内 |
| 別　名 | |

1月
2月
3月
4月
5月
6月
7月
8月
9月
10月
11月
12月

仏縁苞の開口部が耳状に張り出す。実は赤く熟す

# キジムシロ

【雉筵、雉蓆】

◉科　名：バラ科キジムシロ属
◉花　色：●黄色
◉学　名：Potentilla fragarioides var. major

春

山辺の町

丘陵地の道端、野山の草地、林縁などで見かける。株全体が同心円状に地面に広がる。円の中心部分が葉で、その周りを花が取り巻く。この愛らしい草姿を、雉が座る筵に見立ててこの名が付いた。花がミツバツチグリ (P.80) に似ているがミツバツチグリは円形状には広がらない。花はヘビイチゴ (P.46) にも似るがイチゴはならない。

| 分　類 | 多年草 |
| --- | --- |
| 草　丈 | 5～30cm |
| 花　期 | 4～5月 |
| 分　布 | 日本全土 |
| 生育地 | 草地、雑木林 |
| 別　名 | |

地面に葉を広げ、その周りを黄色い花が囲んで丸く広がる

## 観察のポイント！

全体に粗い毛がある。根生葉や花柄を四方に出し、座布団のように広がるがランナーは出さない

春を待っている姿

5弁の黄色い花

羽状複葉。小葉は上の3枚が大

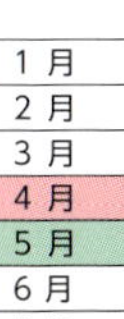

春

山辺の町

# ミツバツチグリ

【三葉土栗】

◉科　名：バラ科キジムシロ属
◉花　色：黄色
◉学　名：Potentilla freyniana

キノコにも野草にもツチグリがある。野草のツチグリは、愛知県以西の本州、四国、九州で自生していたが、現在は状況不明。ツチグリは「土の栗」と呼ばれているように根茎が食べられるが、本種は食べられない。本種は日本全土に分布。土手や林縁(りんえん)などで見られる。ツチグリの小葉は3～7枚だが、本種は3枚だけなのでこの名がついた。

| 分類 | 多年草 |
|---|---|
| 草丈 | 15～30cm |
| 花期 | 4～5月 |
| 分布 | 日本全土 |
| 生育地 | 草地 |
| 別名 | |

林縁や草地などの日当たりのよいところに生え、黄色い花をつける

## 観察のポイント！

太くて短い根茎から根生葉、花茎、ランナーを出す。花茎の先には10数個の花がまとまってつく

早春の姿

花はキジムシロより一回り小さい

葉は3枚の小葉からなる

# アマナ

**【甘菜】**

◉科　名：ユリ科アマナ属
◉花　色：○白色
◉学　名：Amana edulis

日当たりのよい土手、畔(あぜ)や道端、林縁などで見かける。本種も「春の妖精」(P.71) で、果実ができた後は地下で鱗茎(りんけい) (球根) の状態で翌年の春まで休眠する。この鱗茎は口にすると甘くて、生のまま食べられる。このことがアマナ (甘菜) の名の由来。本種は花が就眠運動を行うことでも知られ、日が当たると開き、陰ると閉じる。

| | |
|---|---|
| 分　類 | 多年草 |
| 草　丈 | 15～20cm |
| 花　期 | 3～4月 |
| 分　布 | 本州(東北地方南部以西)～九州 |
| 生育地 | 草地、田畑の畦、林縁 |
| 別　名 | ムギグワイ |

全体に柔らか。6枚の花びらに暗紫色の条がある

1月 2月 **3月** **4月** 5月 6月 7月 8月 9月 10月 11月 12月

# ヒロハアマナ

**【広葉甘菜】**

◉科　名：ユリ科アマナ属
◉花　色：○白色
◉学　名：Amana erythronioides

日当たりのよい草地や雑木林の中などに生育している。アマナによく似ていて、一緒に生えていることもある。葉の幅は1～2㎝、長さは15～20㎝で、アマナより幅が広く、長さは短い。暗紫緑色の葉の中央部に幅の広い白いすじが1本あることで、アマナと区別できる。花はアマナより大きく、花被片の長さは1.2～1.5㎝ある。

| | |
|---|---|
| 分　類 | 多年草 |
| 草　丈 | 15～20cm |
| 花　期 | 3～4月 |
| 分　布 | 本州(関東～近畿地方)、四国 |
| 生育地 | 草地、雑木林、林縁 |
| 別　名 | |

葉に白い線があり、花はアマナよりやや大きい

1月 2月 **3月** **4月** 5月 6月 7月 8月 9月 10月 11月 12月

春

山辺の町

# カタクリ

**【片栗】**

●科　名：ユリ科カタクリ属
●花　色：●淡紅色
●学　名：Erythronium japonicum

雑木林や林縁（りんえん）、道端などで見かける。特に落葉樹林の下では群生して可憐な姿を見せる。本種はスプリング・エフェメラル（P.71）だが、タネから花が咲くのに7年もかかるので、花の短い命がいっそう愛おしく感じられる。陽射しがない日は、終日花を開かない。古名は堅香子（かたかご）で、『万葉集』ではこの名で詠まれている。

| 分　類 | 多年草 |
|---|---|
| 草　丈 | 15～20cm |
| 花　期 | 3～5月 |
| 分　布 | 北海道～九州 |
| 生育地 | 林内 |
| 別　名 | カタカゴ、ハツユリ |

林内に群生することが多く、紅紫色の大輪の花が林下を彩る

**観察のポイント！**

花は花茎の先に1つ、下向きにくるりと大きく反り返って咲く。葉に暗紫色の斑点がある

葉が2枚出るとつぼみがつく

花の基部にW字形の紋がある

実はやや角ばった形

1月
2月
3月
4月
5月
6月
7月
8月
9月
10月
11月
12月

# シャガ

【射干】

●科　名：アヤメ科アヤメ属
●花　色：淡白紫色
●学　名：Iris japonica

雑木林や竹藪などの半日陰でやや湿った所で見かける。名前の由来は、同じアヤメ科のヒオウギの中国名の「射干」を間違えてこの植物に当ててしまったこと。繁殖力が旺盛で地下茎が発達し、群落を形成している。上部で枝分かれした花茎に、白地に紫と黄色の斑(ふ)が入った上品で可憐な花を開く。花は一日でしぼみ、毎日咲き替わる。

| | |
|---|---|
| 分　類 | 多年草 |
| 草　丈 | 30～70cm |
| 花　期 | 4～5月 |
| 分　布 | 本州～九州 |
| 生育地 | 林内 |
| 別　名 | コチョウカ |

根茎からランナーを出し、林の中に大群落をつくる

1月 2月 3月 **4月** **5月** 6月 7月 8月 9月 10月 11月 12月

# ヒメシャガ

【姫射干】

●科　名：アヤメ科アヤメ属
●花　色：淡紫色
●学　名：Iris gracilipes

林内のやや乾いた場所に生え、シャガに比べて全体に小形。柔らかい葉の中から立ち上がる花茎は斜上し、15～30㎝でシャガの半分程度しかない。花は淡紫色で、外花被片の中央は白く、紫色の脈と黄色の斑点があり、シャガと同じようにトサカ状の突起がある。果実ができないシャガと違い、花後、よく結実する。

| | |
|---|---|
| 分　類 | 多年草 |
| 草　丈 | 15～30cm |
| 花　期 | 5～6月 |
| 分　布 | 本州～九州 |
| 生育地 | 林内、森林の岩場 |
| 別　名 | |

全体にシャガよりも小形で、淡紫色の花をつける

1月 2月 3月 4月 **5月** **6月** 7月 8月 9月 10月 11月 12月

春

山辺の町

1月
2月
3月
4月
5月
6月
7月
8月
9月
10月
11月
12月

# カンスゲ

【寒菅】

◉科　名：カヤツリグサ科スゲ属
◉花　色：●黄褐色
◉学　名：Carex morrowii

群がって大株に育つ。冬でも葉が枯れずに青々しているのが名の由来。線形の葉は光沢のある濃緑色で堅く、触れると手が切れそうなほど縁がざらざらしている。春に花茎を伸ばし、先端に、褐色を帯びた長さ3～4㎝の棍棒状の雄性の小穂(しょうすい)を1つつけ、その下に黄褐色の太くて短い円柱形の雌性の小穂が3～5個、直立してつく。

| | |
|---|---|
| 分　類 | 多年草 |
| 草　丈 | 20～40cm |
| 花　期 | 4～5月 |
| 分　布 | 本州～九州 |
| 生育地 | 林内、谷沿い、岩上 |
| 別　名 | |

濃い緑色の線形の葉が根際から多数出て、冬も枯れない

## 観察のポイント！

花茎の先は雄小穂で多数の葯を出して花粉を散らし、下に（側小穂）細い雌小穂が3～5個つく

長さ3～4㎝の雄小穂

短い円柱形の雌小穂

葉は幅1㎝の線形。縁がざらつく

# サクラソウ

【桜草】

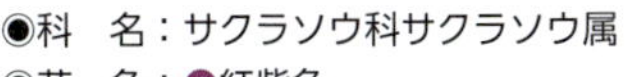

◉科　名：サクラソウ科サクラソウ属
◉花　色：●紅紫色
◉学　名：Primula sieboldii

春

湿地

湿地や川岸など湿り気のある所で見かける。日本固有の草花だが、自生地では乱獲などから減少し、野生種は絶滅危惧種になっている。サクラに似た可憐な花を咲かせることが名の由来。全体に白い軟毛があり柔らか。根際に集まった長い柄をもつ葉の中から花茎(かけい)を立ち上げ、その先に５つに深く裂けた花を放射状に開く。花径は２～3cm。

| | |
|---|---|
| 分　類 | 多年草 |
| 草　丈 | 15～40cm |
| 花　期 | 4～5月 |
| 分　布 | 北海道～九州 |
| 生育地 | 山間の湿地、川沿いの野原 |
| 別　名 | ニホンサクラソウ |

山地の湿地や川岸などに生えるが、野生種は絶滅危惧種になっている

**観察のポイント！**

花は直径2～3㎝。深く5裂し、裂片はさらに浅く2裂し、花茎の先に放射状に咲く

春にしわのある葉が芽生える

楕円形の葉が根元に集まってつく

まれに白花もある

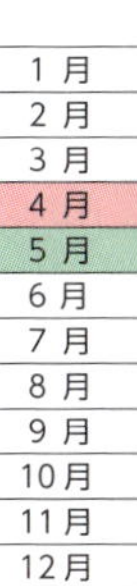

春

湿地

# ムラサキサギゴケ

【紫鷺苔】

◉科　名：ハエドクソウ科サギゴケ属
◉花　色：●淡紫色～●紅紫色
◉学　名：Mazus miquelii

道端、草地、畦などで見かける。名は花の形がサギに似て、苔(こけ)のように地面を覆って広がるから。花は春だけ咲く。まれに白花をつけるものがあり、それはサギシバと呼ぶ。匍匐茎(ほふくけい)を四方に出して広がる。葉は広卵形(こうらんけい)で粗い鋸歯(きょし)がある。匍匐茎につく葉は小さく、対生する。根際の葉の間から花茎を出し、紅紫色の唇形花をまばらにつける。

| 分　類 | 多年草 |
|---|---|
| 草　丈 | 5～15cm |
| 花　期 | 4～5月 |
| 分　布 | 本州～九州 |
| 生育地 | 田の畦 |
| 別　名 | |

水田の畦などにランナーを出して広がり、一面に花を咲かせる

**観察のポイント！**

花は上下に分かれた唇形で、上下とも紫色。上唇は2列、下唇は3裂し黄褐色の斑紋がある

葉は根元に集まり根生

ランナーの葉は小さく対生

白色の花

1月
2月
3月
4月
5月
6月
7月
8月
9月
10月
11月
12月

# タネツケバナ

**【種漬花】**

田畑、草地、道端などで見かける。本種の花が咲く頃、イネの種籾（たねもみ）を水につけて田植えの準備を始めたのでこの名に。葉っぱをかじるとピリッと辛いので「田に生えるカラシ」の意で、田芥子（たがらし）の別名も。田んぼに春の到来を告げる花でもある。花期が長く、春早いころは低い位置で花を咲かせるが、初夏には果実をつけて高い位置で咲いている。

| 分類 | 2年草 |
|---|---|
| 草丈 | 20～30cm |
| 花期 | 4～6月 |
| 分布 | 日本全土 |
| 生育地 | 田の畦、水辺 |
| 別名 | タガラシ |

◉科　名：アブラナ科タネツケバナ属
◉花　色：○白色
◉学　名：Cardamine scutata

春

早春は低い株状で花をつけ、初夏には丈が伸びて次々と咲く

**観察のポイント！**

根元から多数の枝を出し、ふつう基部が暗紫色を帯びている。葉は羽状複葉で頂小葉が大きい

晩秋の姿。ロゼット

4弁花で雄しべ6本

細い円柱形の実は熟すと裂ける

1月
2月
3月
4月
5月
6月
7月
8月
9月
10月
11月
12月

春

湿地

# ミチタネツケバナ

【道種漬花】

◉科　名：アブラナ科タネツケバナ属
◉花　色：○白色
◉学　名：Cardamine hirsuta L.

ヨーロッパ原産で、1980年代に、帰化していることが確認されたタネツケバナの仲間。在来のタネツケバナと違って、やや乾いた場所にも生え、芝地、道端、庭の隅などで見かける。開花期が早く、茎にはほとんど葉をつけず、実をつけている時期にも根生葉(こんせいよう)が残っているのが大きな特徴。また、雄しべはタネツケバナより少なく４本。

| | |
|---|---|
| 分　類 | ２年草 |
| 草　丈 | 20～30cm |
| 花　期 | ４～６月 |
| 分　布 | ほぼ日本各地(帰化植物) |
| 生育地 | 道端、畑、庭の隅、公園 |
| 別　名 | |

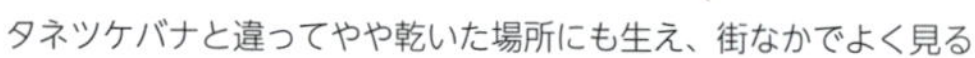

タネツケバナと違ってやや乾いた場所にも生え、街なかでよく見る

観察のポイント！

タネツケバナと違い、茎にはほとんど葉がつかず、花時や実がつき始めても根生葉が残っている

根生葉はロゼットをつくる

４弁花で雄しべは４本

実は直立し花より高くなる

# ウマノアシガタ

**【馬の脚形】**

- ◉科　名：キンポウゲ科キンポウゲ属
- ◉花　色：●黄色
- ◉学　名：Ranunculus japonicus

春

湿地

田の畦、草地、土手などで見かける。名前の由来は、根生葉の形を馬の蹄(ひづめ)に見立てたといわれているが、あまりそのようには見えない。分枝(ぶんし)する茎の先に黄金色の花を上向きに開く。花弁が太陽の光を受けて、キラキラと輝くので金鳳花(きんぽうげ)とも呼ばれる。地際から生える葉は手のひら状に深く裂けて長い柄があるが、茎につく葉には柄はない。

| | |
|---|---|
| 分　類 | 多年草 |
| 草　丈 | 30～70cm |
| 花　期 | 4～5月 |
| 分　布 | 日本全土 |
| 生育地 | 草地、土手 |
| 別　名 | キンポウゲ |

金色に光る花を咲かせ、群生していると一面黄色く見える

**観察のポイント！**

根生葉は長い柄があり、掌状に3～5裂する。これをウマの蹄に見立てたというがあまり似ていない

茎葉は深く3裂して細くなる

花弁が丸みを帯びる

多くの実が集まって球形になる

1月 2月 3月 4月 5月 6月 7月 8月 9月 10月 11月 12月

春

湿地

## ケキツネノボタン 毒草

【毛狐の牡丹】

●科　名：キンポウゲ科キンポウゲ属
●花　色：黄色
●学　名：Ranunculus cantoniencis

名前の通り、全体に粗い毛が生えていて触るとざらつく。田の畦(あぜ)や湿地などではキツネノボタン(下欄)より多く見かける。キツネノボタン同様有毒なので、セリ摘みの時は要注意。根生葉(こんせいよう)も茎につく葉も3枚に分かれる複葉で、小葉はさらに2～3裂し、裂片の幅がやや狭い。果実は金平糖(こんぺいとう)に似た形で、突起の先がほとんど曲がらないのが特徴。

| | |
|---|---|
| 分　類 | 多年草 |
| 草　丈 | 40～60cm |
| 花　期 | 3～7月 |
| 分　布 | 本州～沖縄 |
| 生育地 | 田の畦、湿地にある畑 |
| 別　名 | |

1月 2月 3月 4月 5月 6月 7月 8月 9月 10月 11月 12月

キツネノボタンと同じような場所に生えるが、全体に毛が多い

## キツネノボタン 毒草

【狐の牡丹】

●科　名：キンポウゲ科キンポウゲ属
●花　色：黄色
●学　名：Ranunculus silerifolius var. glaber

名前の「キツネ」は有毒を意味する言葉で、本種は草全体に有毒成分を含み、汁が皮膚に付くと水ぶくれになる。「ボタン」は葉の形がボタン(牡丹)の葉に似ているため。田の畦や溝など、湿り気のある所で見かける。黄色い花と金平糖のような果実が特徴。全体的にほぼ無毛だが、よく似たケキツネノボタン(上欄)には粗い毛が生えている。

| | |
|---|---|
| 分　類 | 多年草 |
| 草　丈 | 30～60cm |
| 花　期 | 4～7月 |
| 分　布 | 日本全土 |
| 生育地 | 田の畦、流れの縁 |
| 別　名 | コンペイトウグサ |

1月 2月 3月 4月 5月 6月 7月 8月 9月 10月 11月 12月

上部で分枝する枝先に花を開き、金平糖のような実をつける

# セリ

**【芹】**

◉科　名：セリ科セリ属
◉花　色：○白色
◉学　名：*Oenanthe javanica*

春の七草の一つ。古くから食用にされ、『万葉集』にもセリを摘む歌が詠まれている。野生のセリは茎が紫褐色で、良い香りがする。田の畦や小川など水辺でふつうに見かけ、セリ摘みでも親しまれている。栽培する場合も水が欠かせない。地下茎が四方に伸び群生する。柔らかな茎が立ち上がり、枝の先に咲く小さい花には花弁が5枚ある。

| | |
|---|---|
| 分　類 | 多年草 |
| 草　丈 | 20～50cm |
| 花　期 | 5～8月 |
| 分　布 | 日本全土 |
| 生育地 | 水田、溝、小川、湿地 |
| 別　名 | |

春の七草の筆頭で、古くから栽培もされている

1月 2月 3月 4月 5月 6月 7月 8月 9月 10月 11月 12月

---

# ドクゼリ 毒草

**【毒芹】**

◉科　名：セリ科ドクゼリ属
◉花　色：○白色
◉学　名：*Cicuta virosa*

沼や湖や小川のほとりなどで見かける。名前は「毒があるセリ」の意味。本種の全体、特に地下茎が猛毒で、誤食すると死に至る。セリ（上欄）と同様、水辺に生えているので、セリ摘みをするときは誤って本種を摘まないように要注意。地下に、緑色の太いタケノコのような根茎（こんけい）があるのが特徴。セリにはこのような根茎はない。

| | |
|---|---|
| 分　類 | 多年草 |
| 草　丈 | 60～100cm |
| 花　期 | 6～8月 |
| 分　布 | 日本全土 |
| 生育地 | 山地の湿地 |
| 別　名 | ウマゼリ、バカゼリ |

大形で太い茎が目立つ。地下茎はタケノコ状

1月 2月 3月 4月 5月 6月 7月 8月 9月 10月 11月 12月

春

湿地

# タガラシ

毒草

【田辛し】

●科　名：キンポウゲ科キンポウゲ属
●花　色：●黄色
●学　名：Ranunculus sceleratus

タネツケバナ（P.87）の別名がタガラシだが、本種もタガラシ。おまけに、葉や茎を噛むと辛いのでこの名がついた、という由来もいっしょなのでやっかいだ。しかし、本種はタネツケバナとちがって毒草なので、辛いかどうか噛んでたしかめることは大変危険。水田や用水路などに自生する水田雑草の１つ。

| | |
|---|---|
| 分　類 | ２年草 |
| 草　丈 | 30～50cm |
| 花　期 | ４～５月 |
| 分　布 | 日本全土 |
| 生育地 | 水田、溝 |
| 別　名 | |

水田によく生えている有毒植物の一つ。セリ摘みの時期は要注意

**観察のポイント！**

５枚の花弁が平らに開く。花の真ん中の緑の球は多数の雌しべが集まったもので、集合果になる

根生葉は長い柄がある

茎葉は柄が短く、細い裂片になる

集合果は長さ8～12㎜の楕円形

１月
２月
３月
４月
５月
６月
７月
８月
９月
10月
11月
12月

春

湿地

# ショウブ

【菖蒲】

◉科　名：ショウブ科ショウブ属
◉花　色：黄緑色
◉学　名：Acorus calamus

池や小川などの水辺で見かける。古名をアヤメグサといい、『万葉集』にも登場する。全体に芳香が匂うので、5月の端午(たんご)の節句に使う菖蒲湯(しょうぶゆ)には本種を用いる。根茎は枝分かれして横に這いながら伸び、先端から葉を立ち上げる。葉は扁平で鮮やかな黄緑色の剣状。葉の間から花茎を出し、淡黄緑色(たんこうりょくしょく)の肉穂花序(にくすいかじょ)を斜め上向きにつける。

| | |
|---|---|
| 分　類 | 多年草 |
| 草　丈 | 50～100cm |
| 花　期 | 5～7月 |
| 分　布 | 北海道～九州 |
| 生育地 | 水辺、湿地 |
| 別　名 | アヤメグサ |

芳香があり、5月の端午の節句に菖蒲湯で使う

1月 2月 3月 4月 5月 6月 7月 8月 9月 10月 11月 12月

# セキショウ

【石菖】

◉科　名：ショウブ科ショウブ属
◉花　色：淡黄色
◉学　名：Acorus gramineus

石菖は「石菖蒲」の略。「石」は「葉が堅い」を意味しているのではないかと言われている。1年中、葉が美しく、葉を見ているだけで安らぎを得られることから、観賞用として栽培もされている（特に斑入(ふい)り葉種が人気）。水辺で見かけるほか、日本庭園の重要な下草(したくさ)（大きい植物の株元に植える草花）にもなっている。

| | |
|---|---|
| 分　類 | 多年草 |
| 草　丈 | 20～50cm |
| 花　期 | 3～5月 |
| 分　布 | 本州～九州 |
| 生育地 | 水辺 |
| 別　名 | |

ショウブより小形で、やや直立して花穂をつける

1月 2月 3月 4月 5月 6月 7月 8月 9月 10月 11月 12月

# ツルナ

**【蔓菜】**

●科　名：ハマミズナ科ツルナ属
●花　色：●黄色
●学　名：Tetragonia tetragonoides

海岸の荒れ地や砂地などで見かける。食用に栽培されているのを見かけることもある。茎が蔓状に伸びるのと、葉を古来より菜として食用に利用（花が咲く前の若芽をおひたしなどにする）してきたことが名の由来。蔓状の茎はよく分枝して地表を這う。三角状卵形の葉は互生し、多肉質で淡黄緑色(たんこうりょくしょく)。葉腋(ようえき)に小さな黄色の花が1～2個つく。

| 分　類 | 多年草 |
|---|---|
| 草　丈 | 40～80cm |
| 花　期 | 4～11月 |
| 分　布 | 日本全土 |
| 生育地 | 海岸の砂地、礫地 |
| 別　名 | ハマヂシャ、ハマナ |

おもに海岸の砂地に生えるほか、食用に栽培もされる

**観察のポイント！**

花弁のように見えるのは萼片で、厚みがあり裏面は緑色。葉腋に1～2個つく

茎は地面を這う

葉は卵状三角形で柔らかい

実は萼に包まれる

# ハマボッス

【浜払子】

◉科　名：サクラソウ科オカトラノオ属
◉花　色：○白色
◉学　名：Lysimachia mauritiana

海岸の砂地や岩場に生えていて、花序の姿が仏具の払子(ほっす)に似ることが名の由来。全体に多肉質で毛はなく、厚くて光沢のある倒卵形の葉をつける。少し赤みを帯びた茎が根元から数本立ち上がり、高さ10～40㎝になる。上部で分枝した茎の先に短い花序を出し、葉状の苞の腋ごとに1つずつ花をつける。花冠は深く五裂して密集して咲く。

| | |
|---|---|
| 分　類 | 2年草 |
| 草　丈 | 10～40cm |
| 花　期 | 5～6月 |
| 分　布 | 日本全土 |
| 生育地 | 海岸の砂地、礫地 |
| 別　名 | |

海辺の植物らしく葉が厚くて光沢がある

1月 2月 3月 4月 5月 6月 7月 8月 9月 10月 11月 12月

# ルリハコベ

【瑠璃繁縷】

◉科　名：サクラソウ科ルリハコベ属
◉花　色：●青紫色
◉学　名：Anagallis arvensis f. coerulea

目が覚めるようなルリ色の花を咲かせ、全体にハコベに似ていることが、名の由来だが、ハコベの仲間ではない。暖地の海岸近くの道端などに生えているが、沖縄では畑でも見る。四角張った茎は地面を這い、上部が立ち上がり、対生する葉の腋に、直径1㎝ほどの花を1つずつ上向きに開く。花冠は五裂し、花の中心部が赤く染まる。

| | |
|---|---|
| 分　類 | 1年草 |
| 草　丈 | 10～30cm |
| 花　期 | 3～5月 |
| 分　布 | 本州(伊豆諸島、紀伊半島)～沖縄 |
| 生育地 | 海岸近くの道端や畑 |
| 別　名 | |

茎が分枝して低く広がり、瑠璃色の花を開く

1月 2月 3月 4月 5月 6月 7月 8月 9月 10月 11月 12月

海辺の町

# ハマエンドウ

【浜豌豆】

●科　名：マメ科レンリソウ属
●花　色：●紅紫色〜●藤色
●学　名：Lathyrus japonicus

海岸などの砂地で見かける。野菜のエンドウによく似た花や豆果をつけるので、この名前が付けられた。ごく若い豆果は莢(さや)ごと食べられる。浜辺に咲く花は美しい花が多いとされるが、この赤紫色（咲き始めは赤紫色だが後に青紫色に変わる）の花もとても美しい。茎は地上を這って長さ1mくらいになる。葉腋(ようえき)に房状に数個の蝶形花を開く。

| | |
|---|---|
| 分　類 | 多年草 |
| 草　丈 | 15〜20cm |
| 花　期 | 4〜7月 |
| 分　布 | 日本全土 |
| 生息地 | 海岸の砂浜 |
| 別　名 | |

1月 2月 3月 4月 5月 6月 7月 8月 9月 10月 11月 12月

全体が野菜のエンドウに似ていて、若い莢は食べられる

# ウマゴヤシ

【馬肥】

●科　名：マメ科ウマゴヤシ属
●花　色：●黄色
●学　名：Medicago polymorpha

農道の近くや土手などで見かける。ヨーロッパ原産の帰化植物。江戸時代に牧草として導入したものが、全国の草地などで野生化している。本種を飼料として与えると馬がよく肥えるからこの名が付いた。糸もやしとして食べられているアルファルファ（ムラサキウマゴヤシ）は、中央アジア原産の牧草の1つで、本種の仲間である。

| | |
|---|---|
| 分　類 | 1〜2年草 |
| 草　丈 | 10〜60cm |
| 花　期 | 3〜5月 |
| 分　布 | 日本全土（帰化植物） |
| 生息地 | 海岸の砂浜畑 |
| 別　名 | |

1月 2月 3月 4月 5月 6月 7月 8月 9月 10月 11月 12月

ヨーロッパ原産で、江戸時代に牧草として渡来した

# ハマダイコン
【浜大根】

●科　名：アブラナ科ダイコン属
●花　色：●淡紅紫色
●学　名：*Raphanus sativus* var. *hortensis* f. *raphanistroides*

春

海辺の町

ゴミが打ち上げられているような浜辺で、一塊になって生えているのを見かける。名は「海岸に生えるダイコン」の意味。栽培種のダイコンが畑から逃げ出して野生化したものといわれている。全体にダイコンに似ているが、根は長く伸びても太くならず堅くて食用にはならない。ちなみにダイコンは地中海沿岸の植物が改良されたもの。

| | |
|---|---|
| 分　類 | 2年草 |
| 草　丈 | 30～70cm |
| 花　期 | 4～6月 |
| 分　布 | 日本全土 |
| 生息地 | 海岸の砂浜 |
| 別　名 | |

**観察のポイント!**

長い根があるがダイコンのように太くならず、堅いので食用にならない。辛味も強い

茎は直立して、淡紅色の花を多数つけて全国の海岸を彩る

冬の姿。ロゼット

紫色のすじがある4弁花

数珠状にくびれた実

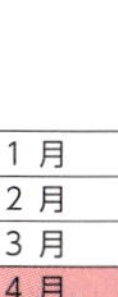

1月
2月
3月
4月
5月
6月
7月
8月
9月
10月
11月
12月

春

海辺の町

# ハマハタザオ

【浜旗竿】

◉科　名：アブラナ科ヤマハタザオ属
◉花　色：○白色
◉学　名：Arabis stelleri var. japonica

海岸の砂地に群生する。茎は20～50㎝の高さに立ち上がるが、浜辺の植物らしく太くてずんぐりしている。根生葉はへら形で厚ぼったく、茎葉は長楕円形で、基部は茎を抱く。葉の両面に星状毛があり、日光を受けると反射して白っぽく見える。茎の先に白い４弁花が総状にたくさんつき、花弁の長さが７～９㎜と大きいのでよく目立つ。

| 分　類 | 多年草 |
|---|---|
| 草　丈 | 20～50cm |
| 花　期 | ４～６月 |
| 分　布 | 北海道～九州 |
| 生育地 | 海岸の砂浜 |
| 別　名 | |

1月 2月 3月 4月 5月 6月 7月 8月 9月 10月 11月 12月

茎が太く、ずんぐりした姿で白い花がよく目立つ

# キケマン

毒草

【黄華鬘】

◉科　名：ケシ科キケマン属
◉花　色：●黄色
◉学　名：Corydalis heterocarpa var. japonica

海岸近くの道端や林内などに生えている。全体が無毛で、粉をまぶしたような緑白色をして、茎や葉を折ったり傷つけたりすると悪臭がする。葉は３～４回、羽状に分裂してニンジンの葉のように見える。とても太い茎の先に、筒状で距のある黄色い花を横向きに多数つける。花の先のほうに紫色の斑紋があり、下から次々と咲く。

| 分　類 | 多年草 |
|---|---|
| 草　丈 | 40～60cm |
| 花　期 | ４～５月 |
| 分　布 | 本州(関東、東海)～沖縄 |
| 生育地 | 海岸近くの道端、草地、林縁 |
| 別　名 | |

1月 2月 3月 4月 5月 6月 7月 8月 9月 10月 11月 12月

丸い茎はやや肉質で、全体に白っぽくて大きい

# アサツキ

【浅葱】

◉科　名：ネギ科ネギ属
◉花　色：●淡紅紫色
◉学　名：Allium schoenoprasum var. foliosum

春

海辺の町

北海道、本州、四国に分布しているが、特に東北地方から北海道にかけての海崖（かいがい）に多く見られる。名前の由来は、本種の葉の色がネギよりも浅い緑色をしているから。この浅い緑色のことを「浅葱（あさぎ）色」と言う。ネギを細くしたような姿で、花茎の先にネギ坊主のような淡紅紫色の花をつける。鱗茎や葉は食用として利用される。

| 分　類 | 多年草 |
| --- | --- |
| 草　丈 | 40～60cm |
| 花　期 | 5～6月 |
| 分　布 | 北海道～四国 |
| 生育地 | 海岸、草地 |
| 別　名 | イトネギ |

海岸近くの草地などに生えるほか、食用に栽培もされる

## 観察のポイント！

花茎は葉よりも高く立ち上がり、先端に膜質の総苞に包まれ、先の尖った卵形のつぼみをつける

早春の芽吹き。薬味になる

すっと伸びる葉は円筒形

花はピンクのネギ坊主

1月
2月
3月
4月
5月
6月
7月
8月
9月
10月
11月
12月

春

海辺の町

# コウボウムギ

【弘法麦】

◉科　名：カヤツリグサ科スゲ属
◉花　色：淡褐色、黄緑色
◉学　名：Carex kobomugi

日本の砂浜で見かける海浜植物の代表的存在。名前の由来は、根元にある暗褐色の繊維状の古い葉を弘法大師（こうぼうだいし）の筆に見立て、また雌株を麦の穂に見立てたため。このことから筆草（ふでくさ）の別名もある。砂浜の砂に埋もれないように、地下茎や根を地中深く長く伸ばしながら広がる。根際から出る葉は線形で、堅く厚みがあり縁がざらつく。

| 分　類 | 多年草 |
|---|---|
| 草　丈 | 10～20cm |
| 花　期 | 4～7月 |
| 分　布 | 北海道(西南部)～九州 |
| 生育地 | 海岸の草地 |
| 別　名 | フデクサ |

1月 2月 3月 4月 5月 6月 7月 8月 9月 10月 11月 12月

雌株は太い茎にずんぐりした麦に似た穂を出す

# コウボウシバ

【弘法芝】

◉科　名：カヤツリグサ科スゲ属
◉花　色：淡褐色、黄緑色
◉学　名：Carex pumila

海岸の砂浜に生え、コウボウムギ(上欄)より小さく芝のような感じがするのが名の由来。海からの強風に耐えられるよう草丈が低く、長い地下茎でふえて群生する。根の基部は暗紫褐色を帯び、線形の葉は幅２～４㎜で、堅く表面に強い光沢がある。茎の先の方に線形の雄性の小穂をつけ、下の方には短い円柱形の雌性の小穂がつく。

| 分　類 | 多年草 |
|---|---|
| 草　丈 | 10～20cm |
| 花　期 | 4～7月 |
| 分　布 | 日本全土 |
| 生育地 | 海岸の草地 |
| 別　名 | |

1月 2月 3月 4月 5月 6月 7月 8月 9月 10月 11月 12月

茎の先に雄花が、下に雌花が穂状に集まる

# 夏

市街地

# ノボロギク

毒草

【野襤褸菊】

◉科　名：キク科キオン属
◉花　色：黄色
◉学　名：Senecio vulgaris

道端、空き地、畑などで見かける。この変な名前は、「野原に生えるボロギク」の意。本種の綿毛がぼろくずのように見えることが由来。春から夏にかけて開花するが、暖地や植え込みの下などの陽だまりでは、真冬でも花を見かけることがある。深く切れ込んだ葉は柔らかで、少し光沢がある。世界中に分布するたくましい植物である。

|  |  |
|---|---|
| 分　類 | 1～越年草 |
| 草　丈 | 30cm |
| 花　期 | 1年中 |
| 分　布 | ほぼ全国（帰化植物） |
| 生育地 | 畑、道端、空き地 |
| 別　名 | |

繁殖力が強く空き地や畑などに群生し、暖地ではほぼ1年中咲く

観察のポイント！

頭花がつぼみのように見えるのは、舌状花がなく、筒状花だけが集まっているため。上向きに咲く

芽生えた姿

葉は不規則な羽状に裂ける

実はタンポポに似ている

1月
2月
3月
4月
5月
6月
7月
8月
9月
10月
11月
12月

# ヒメジョオン
【姫女苑】

◉科　名：キク科　ムカシヨモギ属
◉花　色：○白色
◉学　名：Erigeron annuus

夏

市街地

線路沿い、河原の土手、空き地などで見かける。北アメリカ原産の帰化植物。ハルジオン (P.32) よりも早く明治初年に渡来。柳葉姫菊（やなぎばひめぎく）と呼ばれ、鉄道の普及と共に全国に広がった。花色は白だが、多少、青紫色を帯びることもある。ハルジオンに似るが、葉の基部が茎を抱かず、つぼみがうなだれない、と覚えておけば見分けられる。

| 分　類 | 1～越年草 |
|---|---|
| 草　丈 | 30～100cm |
| 花　期 | 6～10月 |
| 分　布 | 日本全土(帰化植物) |
| 生育地 | 道端、空き地、河川敷、荒れ地 |
| 別　名 | ヤナギバヒメギク、テツドウグサ |

## 観察のポイント!

茎を切ると中に白い髄（ずい）がつまっている中実なので、中空のハルジオン(P.32) とは違っている

都市の空き地から山地や高原にまで広がり、主に夏に咲く

根生葉は柄があり、花期にはない

葉は茎を抱かない

つぼみはうなだれない

1月
2月
3月
4月
5月
6月
7月
8月
9月
10月
11月
12月

夏

市街地

## ウリクサ
【瓜草】

●科　名：ゴマノハグサ科ウリクサ属
●花　色：淡紫色
●学　名：Vandellia crustacea

道端や庭や畑で見かける。果実の形がマクワウリ（メロンの一変種で果実は食用）の形に似ていることが名の由来。果実は楕円形で、ほぼ同じ長さの萼に包まれているのが特徴。四角張った茎が分枝して地面を這いながら広がる。広卵形の葉は対生し、茎の上部の葉の腋から細い花柄を伸ばして小さな唇形花を１つずつ開く。

| | |
|---|---|
| 分　類 | 1年草 |
| 草　丈 | 3～5cm |
| 花　期 | 7～10月 |
| 分　布 | 日本全土 |
| 生育地 | 道端、庭、畑、空き地 |
| 別　名 | |

1月 2月 3月 4月 5月 6月 7月 8月 9月 10月 11月 12月

茎が分枝し、地面にへばりつくように生える

## コナスビ
【小茄子】

●科　名：サクラソウ科オカトラノオ属
●花　色：黄色
●学　名：Lysimachia japonica

道端、畑、草地などで見かける。花が終わると、4～5mm程度の小さな丸い果実を下向きにつけるが、その果実の形がナスに似ていて、全体的に小形だったのでこの名前が付いた。赤みを帯びた茎が地面を這って四方に伸び、節から根を出してふえていく。葉陰に隠れて目立たないが、小さな黄色い可愛らしい花を咲かせる。

| | |
|---|---|
| 分　類 | 多年草 |
| 草　丈 | 5～15cm |
| 花　期 | 5～9月 |
| 分　布 | 日本全土 |
| 生育地 | 道端、草地、畑、庭、芝生 |
| 別　名 | |

1月 2月 3月 4月 5月 6月 7月 8月 9月 10月 11月 12月

全体に軟毛が多く、花後小さな丸い実がつく

# オオバコ

【大葉子、車前草】

●科　名：オオバコ科オオバコ属
●花　色：○白、●淡緑色
●学　名：Plantago asiatica

夏

市街地

道端、公園、空き地などでよく見かける。葉が大きいことが名の由来。子どものころに友だちと、本種の丈夫な茎をからませて引っ張り合って、切れたほうが負け、という遊びをやったことがある人がたくさんいるだろう。すべての葉が根元から出て、地面に張りつくように広がる。踏まれても平気な、道端の雑草の代表的な存在。

| | |
|---|---|
| 分　類 | 多年草 |
| 草　丈 | 10～20cm |
| 花　期 | 4～9月 |
| 分　布 | 日本全土 |
| 生育地 | 道端、空き地、荒れ地 |
| 別　名 | スモウトリバナ |

踏まれても平気で生育するので、道端に最もふつうに生えている

## 観察のポイント！

花は下から上に咲いていく。雌しべが先に現れて受精すると、後から雄しべ4本が伸びてくる

**草花遊び　オオバコの三味線：**葉柄を引っ張って主脈のすじを出す。5本のすじのうち3本を残して柄を切り、別の葉に重ねて柄を糸で結び、葉を小枝で留める

早春の姿。ロゼット

葉は広卵形で長い柄がある

花後、果実になり始める

1月
2月
3月
4月
5月
6月
7月
8月
9月
10月
11月
12月

夏

市街地

# ヘラオオバコ

【篦大葉子】

●科　名：オオバコ科オオバコ属
●花　色：○白色、●淡緑色
●学　名：Plantago lanceolata

道端、荒れ地、河川敷などで見かける。ヨーロッパから江戸時代の末に渡来したオオバコで、葉がへらのように長いのでこの名が付いた。オオバコ(P.105)よりも葉が長く、草丈がかなり高いので比べるとその違いに驚く。花穂を取り巻く雄しべが白いリングのように見えるのが特徴。繁殖力が強く、外来生物法で要注意外来種に指定。

| | |
|---|---|
| 分　類 | 1～多年草 |
| 草　丈 | 20～80cm |
| 花　期 | 5～8月 |
| 分　布 | 日本全土(帰化植物) |
| 生育地 | 道端、草地、河原、牧草地 |
| 別　名 | |

根生葉が軟らかく、踏みつけに弱いので草地に生えることが多い

**観察のポイント!**

花は下部から咲き始める。雄しべが穂状の花を取り巻いてリング状になり、よく目立つ

冬の姿。ロゼット

葉は細長いへら形で柄がある

根生葉は花期にも残る

1月
2月
3月
4月
5月
6月
7月
8月
9月
10月
11月
12月

# ツボミオオバコ

【蕾大葉子】

◉科　名：オオバコ科オオバコ属
◉花　色：淡黄褐色
◉学　名：Plantago virginica

夏

道端や荒れ地などで見かける。花冠（花びら全体）がほとんど開かないことからこの名前が付けられた。北アメリカ原産の帰化植物で、大正年間に渡来したといわれている。円柱形の花茎が直立するので、別名がタチオオバコ。茎や葉など全体に綿毛が生え、白っぽく見える。葉はほぼ直立するが、踏みつけられる場所では葉が地面を這う。

| | |
|---|---|
| 分　類 | 1～越年草 |
| 草　丈 | 10～30cm |
| 花　期 | 5～8月 |
| 分　布 | 関東以西（帰化植物） |
| 生育地 | 道端、空き地、荒れ地 |
| 別　名 | タチオオバコ |

全体に白い毛に覆われ、ふわふわした感じで、花穂は地味

**観察のポイント！**

花が開かずに結実する閉鎖花をつけるため、花穂はいつまでもつぼみのように見える

4月の姿。ロゼット

ロゼットの姿から花穂を伸ばす

雄しべが外に出て開花するタイプ

1月
2月
3月
4月
5月
6月
7月
8月
9月
10月
11月
12月

市街地

# ヒルガオ
【昼顔】

◉科　名：ヒルガオ科ヒルガオ属
◉花　色：淡紅色
◉学　名：*Calystegia japonica*

道端の藪、生け垣、草地などで見かける。アサガオが朝だけ咲いているのに対して昼間に咲いているので、この名がある。ただし、夕方にはしぼんでしまう一日花（いちにちばな）である。この花を摘むと雨が降るといわれ、アメフリバナの別名も。茎はつる性で、ほかの植物などに巻きついて伸びる。花の色はコヒルガオ（右ページ）よりも濃い。

| 分　類 | 多年草 |
|---|---|
| 草　丈 | 100～200㎝(つる性) |
| 花　期 | 6～8月 |
| 分　布 | 北海道～九州 |
| 生育地 | 道端、荒れ地、野原、河川敷 |
| 別　名 | アメフリバナ、ハタケアサガオ |

つる性でほかの植物などに巻き付き、日中に花を開く

**観察のポイント！**

ヒルガオは、卵形の2枚の苞葉の先が尖らず、長い花柄の上部に縮れた翼がないので滑らか

葉は基部が矢じり形

花はラッパ状に大きく開く

実ができるのはまれ

1月
2月
3月
4月
5月
6月
7月
8月
9月
10月
11月
12月

# コヒルガオ

【小昼顔】

●科　名：ヒルガオ科ヒルガオ属
●花　色：淡紅色
●学　名：*Calystegia hederacea*

夏

道端、荒れ地、畑などで見かける。美しい花を咲かせるのに、駆除が難しい害草として嫌われているのは、細くて長い白い地下茎が切れやすく、地中に残った部分が再び発芽して増えていくため。ヒルガオ（左ページ）に比べて花も葉も小さいことが名の由来。ヒルガオとの見分け方は、本種は花柄の上部に翼（よく）が付いていることが特徴。

| 分　類 | 多年草 |
|---|---|
| 草　丈 | 100～200㎝（つる性） |
| 花　期 | 6～8月 |
| 分　布 | 日本全土 |
| 生育地 | 道端、荒れ地、野原、河川敷 |
| 別　名 | アメフリバナ、ハタケアサガオ |

全体にヒルガオより小形。長い地下茎が縦横に伸びて繁茂する

**観察のポイント！**

花柄が滑らかなヒルガオに対して、上部に縮れた翼がある。萼を包む2枚の苞葉は先が尖る

春の発芽

葉の基部が張り出し浅く2裂する

花はヒルガオより小形

1月
2月
3月
4月
5月
6月
7月
8月
9月
10月
11月
12月

夏

市街地

# マメアサガオ
【豆朝顔】

北アメリカ原産で、1950年代に輸入飼料に混じって渡来した帰化植物。道端や空き地、荒れ地などに生えている。茎はつる性で周りの物に絡まって伸び、まばらに毛がある卵形の葉をつける。葉の腋に1から数個の漏斗形の小さな花をつけ、夏から秋まで次々と咲く。花冠はわずかに5つに裂け、花柄にはいぼ状の突起が密生している。

| | |
|---|---|
| 分類 | 1年草 |
| 草丈 | 100～300cm（つる性） |
| 花期 | 6～10月 |
| 分布 | 本州（関東地方以西）～沖縄（帰化植物） |
| 生育地 | 芝地、道端、空き地、荒れ地 |
| 別名 | ヒメアサガオ、ヒラミホシアサガオ |

1月 2月 3月 4月 5月 6月 7月 8月 9月 10月 11月 12月

◉科　名：ヒルガオ科サツマイモ属
◉花　色：○白色～●淡紅色
◉学　名：Ipomoea lacunosa

花は小形。輸入飼料に混じって渡来したもの

# ホシアサガオ
【星朝顔】

北アメリカ原産の帰化植物で、主に西日本の荒れ地や空き地、道端などで見られる。つる性の茎は周りの物に巻き付く。葉は先端が細く尖った卵円形が多いが、3裂する葉も見られる。葉の腋に葉柄よりも長い花柄を出し、直径1～2㎝の漏斗形の花をつける。花柄のイボ状の突起はまばらで、淡紅色の花の中心部は紅紫色を帯び、色が濃い。

| | |
|---|---|
| 分類 | 1年草 |
| 草丈 | 100～300cm（つる性） |
| 花期 | 7～9月 |
| 分布 | 本州（関東地方以西）～沖縄（帰化植物） |
| 生育地 | 道端、草地、荒れ地、野原、河川敷 |
| 別名 | |

1月 2月 3月 4月 5月 6月 7月 8月 9月 10月 11月 12月

◉科　名：ヒルガオ科サツマイモ属
◉花　色：●淡紅色、●紅紫色（中心）
◉学　名：Ipomoea triloba

漏斗状で星形に開き、花の中心部の色が濃い

# マルバルコウ 毒草

【丸葉縷紅】

●科　名：ヒルガオ科サツマイモ属
●花　色：●朱赤色
●学　名：Ipomoea coccinea

夏

道端、庭、空き地、草地などで見かける。名前はルコウソウの仲間で、葉が丸いことから。そのためマルバルコウソウとも表記される。花を上から見ると五角形の小さなアサガオのように見えるため、この花形から縷紅朝顔（るこうあさがお）と呼ばれることもある。熱帯アメリカ原産で、江戸時代に観賞用に導入されたものが野生化している。

| 分類 | 1年草 |
| --- | --- |
| 草丈 | 100～300cm（つる性） |
| 花期 | 7～10月 |
| 分布 | 本州（関東地方以西）～沖縄（帰化植物） |
| 生育地 | 道端、荒れ地、草地、畑、林縁 |
| 別名 | ルコウアサガオ |

種子の発芽率がよく、つるが這って畑地や荒れ地に広がる

### 観察のポイント！

花は朱赤色で中心部が黄色で、上から見ると5角形。雌しべと雄しべが花の外に突き出る

葉は卵形で先が尖る

実は下向きにつく

つる性でよく繁茂する

1月
2月
3月
4月
5月
6月
7月
8月
9月
10月
11月
12月

# ヤエムグラ
【八重葎】

市街地

●科　名：アカネ科ヤエムグラ属
●花　色：淡黄緑色
●学　名：Galium spurium var. echinospermon

人家に近い藪、荒れ地、空き地、草地などで見かける。『枕草子』や『百人一首』に本種と同じ名前の植物が出てくるが、その植物は本種のことではなく、カナムグラ（P.126）のことだといわれている。昔は、子どもが葉を勲章（くんしょう）の代わりにして胸につけて遊んだ。葉や茎に下向きの棘があり、他の物に絡（から）まりながら群がって伸びていく。

| | |
|---|---|
| 分　類 | 1～越年草 |
| 草　丈 | 60～100cm |
| 花　期 | 5～7月 |
| 分　布 | 日本全土 |
| 生育地 | 道端、藪、家の周り、林中、空き地、河原 |
| 別　名 | クンショウグサ |

全体にざらざらしていて、かつては子どもたちが胸につけて遊んだ

## 観察のポイント！

実は2つずつつき、表面にカギ状の棘が密生して人の衣服や動物の体にくっついて運ばれる

**草花遊び：**輪生状の葉の部分を胸につけ、勲章にして遊んだことが別名の由来

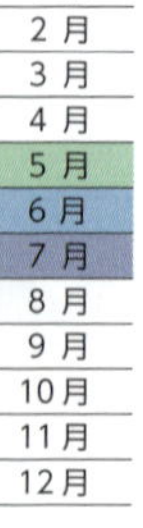


一面に群がって生える

黄緑色の花は小さい

茎にも葉にも下向きの棘がある

# ケチョウセンアサガオ 毒草

【毛朝鮮朝顔】

◉科　名：ナス科チョウセンアサガオ属
◉花　色：○白色
◉学　名：Datura meteloides

道端、草地、空き地などで見かける。北アメリカ原産の帰化植物で、全草にアルカロイドを含む有毒植物。全体に毛が密生し、葉の腋（わき）に漏斗形（ろうとけい）の大きな花をつける。花は夕方上向きに開き、翌日の昼ごろにはしぼむ。華岡青洲（はなおかせいしゅう）が麻酔に用いたことでよく知られるチョウセンアサガオは、全体に毛がないので見分けられる。

| | |
|---|---|
| 分　類 | 多年草 |
| 草　丈 | 80～200cm |
| 花　期 | 6～9月 |
| 分　布 | ほぼ日本全土(帰化植物) |
| 生育地 | 道端、荒れ地 |
| 別　名 | ダツラ、アメリカチョウセンアサガオ |

## 観察のポイント！

白い花は漏斗形の大きな花で、葉の腋（わき）に一つずつ上を向いて咲く。一日花だが、次々と開く

荒れ地や道端などに生育し、夕方強い芳香を放って花を開く

葉の下面に毛が密生する

開花間近なつぼみ

実は球形で下向きにつく

1月
2月
3月
4月
5月
6月
7月
8月
9月
10月
11月
12月

市街地

# ワルナスビ 毒草

**【悪茄子】**

◉科　名：ナス科ナス属
◉花　色：○白色、●淡紫色
◉学　名：Solanum carolinense

全草棘だらけの北アメリカ原産の帰化植物。道端、畑、荒れ地などで見かける。名前の頭に「ワル」が付くのは人間生活の役に立たず、葉や茎に鋭い棘があり、畑にはびこると手に負えなくなる害草だから。繁殖力が強く始末の悪い雑草のため、外来生物法で要注意種に指定された。夕方に、道端などで強い臭いを放ちながら開花する。

| | |
|---|---|
| 分　類 | 多年草 |
| 草　丈 | 40～70cm |
| 花　期 | 6～10月 |
| 分　布 | 日本全土（帰化植物） |
| 生育地 | 道端、荒れ地、空き地、河川敷 |
| 別　名 | オニナスビ |

鋭い棘をもち、地下茎を伸ばして繁茂するので嫌われている雑草

**観察のポイント！**

花は直径2㎝。淡紫色または白色で、浅く5裂して平らに開くので五角形や星形に見える

葉の縁に波状の鋸歯がある

茎に鋭い棘がある

球形の実は黄色に熟す

# ガガイモ 毒草
【蘿藦】

藪、河川敷、草地、林縁（りんえん）などで見かける。ほかの植物に絡まっていることが多い。茎葉を切ると白い乳液が出てくるのが特徴。この液でかぶれることがあるので肌につけないように注意する必要がある。葉は長いハート形。果実は長さ約10㎝、熟すと絹のような毛がついた種子がたくさん出てくる。果実や葉は薬用になる。

| 分類 | 多年草 |
|---|---|
| 草丈 | 100～300cm（つる性） |
| 花期 | 8月 |
| 分布 | 北海道～九州 |
| 生育地 | 草地、土手、河原 |
| 別名 | |

●科　名：キョウチクトウ科ガガイモ属
●花　色：○白色、●淡紫色
●学　名：Metaplexis japonica

夏

市街地

つる性の茎がほかのものに絡みながら伸び、切ると白い汁が出る

## 観察のポイント!

花は淡紫色で5裂して開き、花の内側に白い毛が密生している。葉は長卵状心形で先が尖り対生

春～初夏の若い姿

果実にイボ状の突起がある

種子に長い白毛があり風で飛ぶ

1月
2月
3月
4月
5月
6月
7月
8月
9月
10月
11月
12月

市街地

# キキョウソウ

【桔梗草】

●科　名：キキョウ科キキョウソウ属
●花　色：●濃紫色
●学　名：Triodanis perfoliata（=Specularia perfoliata）

道端、草地、空き地、日当たりの良い芝地などで見かける。明治中期に植物園で観賞用に栽培されていたものが逃げ出して野生化した、北アメリカ原産の帰化植物。観賞用に栽培されていただけあって、キキョウに似た美しい花を咲かせる。花は下方から上方にだんだんと咲いていくので、ダンダンギキョウの別名がある。

| | |
|---|---|
| 分　類 | 1年草 |
| 草　丈 | 20～80cm |
| 花　期 | 5～6月 |
| 分　布 | 福島県以南（帰化植物） |
| 生育地 | 道端、空き地 |
| 別　名 | ダンダンギキョウ |

市街地の植え込みなどでも見られ、茎が細くひょろひょろとした感じ

## 観察のポイント！

実が熟すと横に3か所、ロールブラインドが巻きあがるように穴が開き、種子がこぼれ落ちる

花は濃紫色で先が5裂する

茎の下部は閉鎖花がつく

葉が段々につく

1月
2月
3月
4月
5月
6月
7月
8月
9月
10月
11月
12月

# ヨウシュヤマゴボウ 毒草

【洋種山牛蒡】

◉科　名：ヤマゴボウ科ヤマゴボウ属
◉花　色：○白色
◉学　名：Phytolacca americana

夏

市街地

草地、空き地、手入れの悪い植え込みなどで見かける。名は、「西洋産のヤマゴボウ」の意。しかし、本種は有毒で、食べられない。漬物になる山ごぼうはキク科のモリアザミの根である。明治時代に渡来した帰化植物で、各地で雑草化している。実は黒紫色でつぶれやすい。実から出た汁が衣服に付くと、色がなかなか落ちにくいので要注意。

| 分　類 | 多年草 |
|---|---|
| 草　丈 | 80～200cm |
| 花　期 | 6～9月 |
| 分　布 | 本州～九州（帰化植物） |
| 生育地 | 道端、荒れ地、空き地、林縁 |
| 別　名 | アメリカヤマゴボウ |

街なかの空き地や道端、林縁などどこでもふつうに見られる

**観察のポイント！**

花は花弁がなく、5個の萼片が花弁のように見える。花の中央の緑の部分は将来実になる子房

春の芽吹き

実はつぶすと赤紫色の汁が出る

ゴボウのような根は有毒

1月
2月
3月
4月
5月
6月
7月
8月
9月
10月
11月
12月

夏

市街地

## ヤセウツボ

【痩靫】

●科　名：ハマウツボ科ハマウツボ属
●花　色：淡黄色
●学　名：Orobanche minor

土手、草地などで見かける。葉緑素を持たず、他の植物に寄生し栄養分を吸収して生育する寄生植物。主にマメ科のシロツメクサに寄生して養分をもらう。牧草に使うクローバーにも寄生し、生長を抑制してしまうので、要注意外来種に指定されている。名の「ウツボ」は花穂（かすい）の形が矢を入れる靫（うつぼ）（携帯用の筒状の容器）に似ているため。

| | |
|---|---|
| 分　類 | 1年草 |
| 草　丈 | 15～40cm |
| 花　期 | 5～6月 |
| 分　布 | 本州、四国（帰化植物） |
| 生育地 | 道端、畑、牧草地、河川敷 |
| 別　名 | |

1月 2月 3月 4月 5月 6月 7月 8月 9月 10月 11月 12月

寄生植物で、茎の上部にまばらに花をつける

## エノキグサ

【榎草】

●科　名：トウダイグサ科エノキグサ属
●花　色：褐色
●学　名：Acalypha australis

道端、空き地、庭、畑などでよく見かける。葉の形が、ニレ科の落葉高木エノキの葉の形に似ていることが名の由来。雄花の基部に苞葉（ほうよう）があって雌花を包み、果期には果実を包むのだが、この二つに折れた苞葉の形が編み笠に似ているので編笠草（あみがさそう）という別名もある。本種は風媒花（ふうばいか）（花粉媒介を風に頼る花。目立たない花をつけるものが多い）。

| | |
|---|---|
| 分　類 | 1年草 |
| 草　丈 | 20～40cm |
| 花　期 | 8～10月 |
| 分　布 | 日本全土 |
| 生育地 | 道端、空き地、畑、林縁 |
| 別　名 | アミガサソウ |

1月 2月 3月 4月 5月 6月 7月 8月 9月 10月 11月 12月

穂状の雄花の下に総苞に包まれた雌花がある

## マツヨイグサ

【待宵草】

●科　名：アカバナ科マツヨイグサ属
●花　色：黄色
●学　名：Oenothera stricta

道端や空き地などで見かける。コマツヨイグサ（P.121）などといったマツヨイグサの仲間の中では最も早く幕末に渡来したが、現在では減少してあまり見かけなくなっている。南アメリカ原産の帰化植物。花は夕方に開いて翌朝しぼみ、色が黄色から黄赤色に変わる。名前は、夕方になると花を開くことから、「宵を待つ」と表現したもの。

| | |
|---|---|
| 分　類 | 多年草 |
| 草　丈 | 50～90cm |
| 花　期 | 5～8月 |
| 分　布 | 本州以南（帰化植物） |
| 生育地 | 道端、荒れ地、河原 |
| 別　名 | |

花は夕方開き、翌朝しぼんで赤くなる

1月 2月 3月 4月 5月 6月 7月 8月 9月 10月 11月 12月

## オオマツヨイグサ

【大待宵草】

●科　名：アカバナ科　マツヨイグサ属
●花　色：黄色
●学　名：Oenothera glazioviana

北アメリカ原産で、明治の初期に渡来し、各地に野生化しているが、近年アレチマツヨイグサに追われて数を減らしている。マツヨイグサの仲間では最も大きな花で、直径6～8㎝あり、夕方に次々と開いていく花の様子を観察することもできる。根元から数本出て直立する茎の高さは80～150㎝で、剛い毛と赤い点々がある。

| | |
|---|---|
| 分　類 | 1年草 |
| 草　丈 | 100～150cm |
| 花　期 | 7～9月 |
| 分　布 | ほぼ全国（帰化植物） |
| 生育地 | 道端、土手、空き地、河原、海岸 |
| 別　名 | |

全体に大形。花はこの仲間では最も大きい

1月 2月 3月 4月 5月 6月 7月 8月 9月 10月 11月 12月

夏

市街地

# メマツヨイグサ

【雌待宵草】

◉科　名：アカバナ科マツヨイグサ属
◉花　色：黄色
◉学　名：Oenothera biennis

北アメリカ原産の帰化植物。明治中期に渡来し、各地に野生化してこの仲間の中では最も多く見られる。下から分枝して直立する茎は高さ 30～150㎝、上向きの柔らかな毛が生えている。花は夕方開いて翌朝にしぼむが、日中も花を見ることがある。花弁と花弁の間に隙間があるものをアレチマツヨイグサと呼んで区別することもある。

| 分類 | 多年草 |
|---|---|
| 草丈 | 30～150cm |
| 花期 | 6～9月 |
| 分布 | ほぼ全国（帰化植物） |
| 生育地 | 道端、荒れ地、河川敷 |
| 別名 | |

この仲間では繁殖力が最も強く、いたるところで見られる

**観察のポイント！**

花は黄色で4枚の花弁の間に隙間がない。夕方になって咲き始め、しぼんでも赤くならない

赤みを帯びた越冬中のロゼット

葉は細長い楕円形で先が尖る

実は円柱形

1月
2月
3月
4月
5月
6月
7月
8月
9月
10月
11月
12月

# コマツヨイグサ

【小待宵草】

◉科　名：アカバナ科マツヨイグサ属
◉花　色：●黄色
◉学　名：*Oenothera laciniata*

夏

北アメリカ原産の帰化植物。明治後期に渡来し、戦後、空き地や道端でも見られるほど広がり、外来生物法で要注意種になっている。全体に柔毛（じゅうもう）があり、茎は根元からよく分枝して地面に寝るか、斜上（しゃじょう）する。羽状に裂けた葉の腋に、直径 1～1.5㎝の黄色い花を 1 つずつつける。花は夕方に開き、翌朝しぼむと花弁が黄赤色に変わる。

| | |
|---|---|
| 分　類 | 多年草 |
| 草　丈 | 20～60cm |
| 花　期 | 7～8月 |
| 分　布 | 本州以南（帰化植物） |
| 生育地 | 道端、空き地、造成地、海岸、河原 |
| 別　名 | |

**観察のポイント！**

茎は軟毛が多く、根元からよく枝分かれし、ふつう地を横に這って広がる。花は小形

近年は、街なかの空き地や造成地、道端などでもよく見かける

葉は倒披針形、下の葉は裂ける

花はしおれると黄赤色に変わる

実は長い円柱形

1月
2月
3月
4月
5月
6月
7月
8月
9月
10月
11月
12月

夏

市街地

# アカバナユウゲショウ
**【赤花夕化粧】**

●科　名：アカバナ科マツヨイグサ属
●花　色：淡紅色
●学　名：Oenothera rosea

道端、草地、空き地などで見かける。ユウゲショウとも呼ばれるオシロイバナと区別するためにアカバナユウゲショウと呼ぶ（類書ではユウゲショウの名で掲載されている例もある）。明治時代より観賞用に栽培されていたが、庭から逃げ出して野生化し、帰化植物となった。夕方に花を咲かせるのが名の由来だが、昼間もよく咲く。

| | |
|---|---|
| 分　類 | 多年草 |
| 草　丈 | 20～60cm |
| 花　期 | 5～9月 |
| 分　布 | 関東地方以西（帰化植物） |
| 生育地 | 道端、空き地、庭、土手、荒れ地 |
| 別　名 | ユウゲショウ |

街なかの空き地や道端、庭などに群生し、特に暖地で多く見られる

**観察のポイント！**

花は茎の上の葉腋に1つずつつく。花弁は丸く紅色の脈が目立ち、柱頭が4裂して平らに開く

冬越しの姿。ロゼット

まれに見る白花

群生している様子

1月
2月
3月
4月
5月
6月
7月
8月
9月
10月
11月
12月

# ツユクサ
**【露草】**

●科　名：ツユクサ科ツユクサ属
●花　色：●青色、○白色
●学　名：Commelina communis

夏

市街地

道端や庭、草地などで見かける。朝露に濡れて咲いている姿から「露草（つゆくさ）」の名がある。また、本種の花の汁を衣にすり付けて布を染めたことから、古くは「着草（つきくさ）」と呼ばれていた。花が早朝に咲き、午後にはしぼんでしまうために、夜型人間は本種の花を見られないことが多い。花は、しぼむだけでなく、花弁（花びら）がとけてなくなる。

| | |
|---|---|
| 分　類 | 1年草 |
| 草　丈 | 20～60cm |
| 花　期 | 6～10月 |
| 分　布 | 日本全土 |
| 生育地 | 道端、空き地、庭、荒れ地 |
| 別　名 | ツキクサ、アオバナ、ボウシバナ |

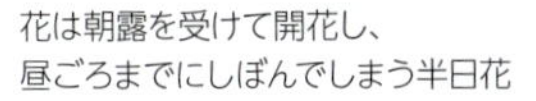
花は朝露を受けて開花し、
昼ごろまでにしぼんでしまう半日花

**観察のポイント！**

青い2枚の花弁の下に白い小さな花弁が1枚ある。雄しべ6本のうち突き出た2本に花粉がある

4月の芽生え

卵状披針形の葉が互生

実は苞葉の中にある

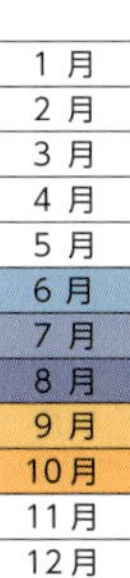

市街地

# チドメグサ

**【血止草】**

◉科　名：セリ科チドメグサ属
◉花　色：●淡緑色、○白色
◉学　名：Hydrocotyle sibthorpioides

空き地や道端、芝生などで見かける。花や果実が葉の陰に隠れてつくのが特徴。常緑で、四方八方に広がる厄介な雑草として知られる。葉を揉んで、その汁を傷口につけると血が止まるという言い伝えが名の由来。仲間にオオチドメ（本種より葉が大きい）やノチドメ（葉の切れ込みが深い）などがある。細い茎がよく分枝して地面を這う。

|  |  |
|---|---|
| 分　類 | 多年草 |
| 草　丈 | 2～5cm |
| 花　期 | 6～9月 |
| 分　布 | 本州～沖縄 |
| 生育地 | 道端、田の畦、石垣、芝生 |
| 別　名 | |

**観察のポイント！**

茎はよく分枝し節から根を出して広がる。茎の先端まで地を這うので、立ち上がることはない

路上の隙間や庭の湿ったところに生え、一面を覆うこともある

葉は円形で掌状に浅く裂ける

小さな花が10数個、固まってつく

実は2つの文果がくっついている

1月
2月
3月
4月
5月
6月
7月
8月
9月
10月
11月
12月

# アメリカフウロ

【アメリカ風露】

●科　名：フウロソウ科フウロソウ属
●花　色：淡紅色
●学　名：Geranium carolinianum

道端や庭、荒地などに生え、春から秋まで次々と花を開く。北アメリカ原産の帰化植物で、昭和の初めに京都で"発見"された。現在は畑の雑草になるほど広がって、どこでもよく見かける。秋になると葉が美しく色づく。茎はよく分枝し、下部は這いながら斜めに立ち上がって群生する。畑の害草としても知られている。

| 分　類 | 1年草 |
|---|---|
| 草　丈 | 10～50cm |
| 花　期 | 4～9月 |
| 分　布 | 本州～沖縄(帰化植物) |
| 生育地 | 道端、草地、土手、畑、庭、空き地 |
| 別　名 | |

大株になって群生し、ピンクの小さな花を開く

1月 2月 3月 4月 5月 6月 7月 8月 9月 10月 11月 12月

# ヒメフウロ

【姫風露】

●科　名：フウロソウ科フウロソウ属
●花　色：淡紅紫色
●欧文名：Geranium robertianum

本州や四国の一部の石灰岩地に自生しているが、それとは別に、ハーブとして栽培されたものが逃げ出して、野生化したと思われるものが市街地の道端や草地でよく見かけるようになった。1年草だがタネがこぼれてよくふえているようだ。全草に特有の臭気がある。全体に細かい毛が密生し、秋の紅葉が美しい。花は5弁花。

| 分　類 | 1年草 |
|---|---|
| 草　丈 | 20～60cm |
| 花　期 | 5～8月 |
| 分　布 | 北海道～本州(帰化植物) |
| 生育地 | 林縁、草地、岩場、礫地 |
| 別　名 | シオヤキソウ |

花は小さく直径 1.5cmほど

1月 2月 3月 4月 5月 6月 7月 8月 9月 10月 11月 12月

市街地

# カナムグラ

【鉄葎】

◉科　名：クワ科カラハナソウ属
◉花　色：●淡緑色、●緑色
◉学　名：Humulus japonicus

藪（やぶ）や荒れ地、草地や空き地などで見かける。名前の由来は、茎が鉄の針金のように丈夫なことから「鉄＝カナ」。そして、「葎（むぐら）」は生い茂るという意味の漢字で、本種が藪になるくらいまで生い茂ることから「葎（ムグラ）」。二つ合わせてカナムグラ。ちなみに、本種は『百人一首』では八重葎（やえむぐら）の名で登場している。

| | |
|---|---|
| 分　類 | 1年草 |
| 草　丈 | 300～500cm（つる性） |
| 花　期 | 8～10月 |
| 分　布 | 日本全土 |
| 生育地 | 道端、荒れ地、林縁、藪、河川敷 |
| 別　名 | |

**観察のポイント！**

雌雄異株。雄花は多数集まり、大きな円錐花序をつくる。花弁はなく萼片、雄しべが5個

棘のあるつる性の丈夫な茎で他物に覆いかぶさって大きく茂る

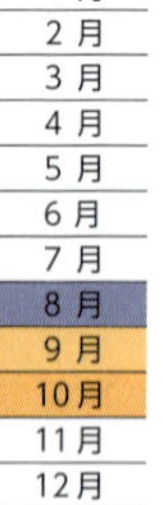

本葉が出た芽生え

苞葉に包まれた雌花

葉は掌状に5～7裂する

# クワクサ
【桑草】

◉科　名：クワ科クワクサ属
◉花　色：●淡緑色
◉学　名：Fatoua villosa

夏

市街地

道端や畑、草地、荒れ地などでよく見かける。名前の「クワ」は、桑の木のことで、葉の形が桑の木の葉の形に似ているのでこの名前が付けられた。本種によく似ているエノキグサ（P.118）は雄花と雌花が上下に離れてつくので、見分けられる。茎は下部からよく分枝して直立し、葉の縁は鈍い鋸歯（きょし）があり、両面に短毛が生えてややざらつく。

| | |
|---|---|
| 分　類 | 1年草 |
| 草　丈 | 30～80cm |
| 花　期 | 8～10月 |
| 分　布 | 本州～沖縄 |
| 生育地 | 畑、道端、庭の隅、草地、林縁 |
| 別　名 | |

樹木のクワの葉に似た葉をつけ、庭の隅や畑などに生えている

**観察のポイント！**

直立する茎や葉に細かな毛がある。葉の腋に短い柄を出し、雄花と雌花が混じって密につく

葉は卵形で先が尖る

雌花は紅紫色の柱頭が1本出る

雄花は白い4本の雄しべが出る

1月 2月 3月 4月 5月 6月 7月 8月 9月 10月 11月 12月

市街地

## アリタソウ 毒草

**【有田草】**

●科　名：ヒユ(アカザ)科アリタソウ(アカザ)属
●花　色：●緑色
●学　名：Dysphania ambrosioides

南アメリカ原産の帰化植物で、道端や荒地に生える。以前、佐賀県有田町で駆虫薬(くちゅうやく)として栽培されていたことが名の由来。茎や葉にはほとんど毛がないが葉の裏に腺点があり、全体に特異な臭いがする。草丈は50〜100㎝。枝先に、緑色の小さな花が密に固まって穂状につく。ハーブ名はエパソーテといいメキシカン料理に使う。

| 分類 | 1年草 |
|---|---|
| 草丈 | 50〜100cm |
| 花期 | 7〜11月 |
| 分布 | 本州〜九州(帰化植物) |
| 生育地 | 道端、荒れ地、空き地、畑 |
| 別名 | |

1月 2月 3月 4月 5月 6月 7月 8月 9月 10月 11月 12月

空き地や道端などに生え、薬のような臭いがある

## アメリカアリタソウ 毒草

**【亜米利加有田草】**

●科　名：ヒユ(アカザ)科アリタソウ(アカザ)属
●花　色：●淡黄緑色
●学　名：Dysphania anthelmintica

アメリカと名が付いているがメキシコ原産の帰化植物で、道端や荒れ地に生える。全体に特異な臭いがあり、種子に駆虫(くちゅう)作用があることから駆虫薬として栽培もされていた。互生する葉は狭楕円形(せまだえんけい)〜楕円形で、縁の切れ込みが深い。分枝した枝先に花弁のない黄色い小花を穂状に多数つける。アリタソウ(上欄)に比べて花穂(かすい)が細長いのが特徴。

| 分類 | 1年草 |
|---|---|
| 草丈 | 100〜200cm |
| 花期 | 7〜10月 |
| 分布 | 本州〜沖縄(帰化植物) |
| 生育地 | 道端、荒れ地 |
| 別名 | |

1月 2月 3月 4月 5月 6月 7月 8月 9月 10月 11月 12月

アリタソウの変種で、花穂が細長く葉の鋸歯が深い

# ゴウシュウアリタソウ 毒草

【豪州有田草】

◉科　名：ヒユ(アカザ)科アリタソウ(アカザ)属
◉花　色：淡黄緑色
◉学　名：Dysphania pumilio

夏

道端や荒れ地、畑などで見かける。昭和初期に兵庫県で“発見”された。特異な臭いのある小形の雑草。アリタソウ（左ページ）の仲間で、オーストラリア（豪州）原産が名の由来。発芽後、早くから花が咲いてタネを結びふえるので、畑では害草。全体に短い毛が密生。茎は根元から分枝して地面に広がり、のちに上部が斜めに立ち上がる。

| | |
|---|---|
| 分　類 | 1年草 |
| 草　丈 | 15～40cm |
| 花　期 | 7～9月 |
| 分　布 | ほぼ日本全土（帰化植物） |
| 生育地 | 畑、道端、庭、空き地 |
| 別　名 | |

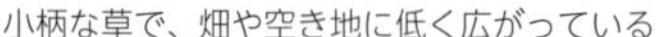
小柄な草で、畑や空き地に低く広がっている

1月 2月 3月 4月 5月 6月 7月 8月 9月 10月 11月 12月

# コミカンソウ

【小蜜柑草】

◉科　名：コミカンソウ（トウダイグサ）科コミカンソウ属
◉花　色：緑白色
◉学　名：Phyllanthus urinaria

庭や道端、畑などで見かける畑雑草の一種。赤褐色の実が小さなミカンに似るため、この名がある。横に広げた小枝に、規則正しく互生する楕円形の葉は、朝開いて夜には閉じる就眠運動を行う。花はごく小さく、枝の上部の葉腋に雄花、下部の葉腋に雌花をつける。花や実は柄がないので、エナガコミカンソウ（P.130）と区別できる。

| | |
|---|---|
| 分　類 | 1年草 |
| 草　丈 | 15～30cm |
| 花　期 | 7～10月 |
| 分　布 | 本州～沖縄 |
| 生育地 | 畑、庭、荒れ地 |
| 別　名 | |

雌花は花後、小さなミカンのような実をつける

1月 2月 3月 4月 5月 6月 7月 8月 9月 10月 11月 12月

夏

市街地

## ヒメミカンソウ

**【姫蜜柑草】**

◉科　名：コミカンソウ(トウダイグサ)科コミカンソウ属
◉花　色：緑白色
◉学　名：Phyllanthus ussuriensis

本州～九州の畑や道端、庭の隅などに生える在来種で、畑の雑草でもある。全体に無毛で、細い茎がやや斜めに傾いて立ち、長楕円形の葉が互生する。葉の表は緑色、裏面は緑白色で鋸歯(きょし)はない。夏に、葉の腋(わき)に黄緑色のとても小さな雄花と雌花が混じって咲き、花後、淡黄色でしわがなくつるつるした小さな実をつける。

| | |
|---|---|
| 分　類 | 1年草 |
| 草　丈 | 10～30cm |
| 花　期 | 7～10月 |
| 分　布 | 本州～九州 |
| 生息地 | 畑、道端 |
| 別　名 | チョウセンミカンソウ |

1月
2月
3月
4月
5月
6月
7月
8月
9月
10月
11月
12月

全体に色が淡く、ごく小形であまり目立たない

## ナガエコミカンソウ

**【長柄小蜜柑草】**

◉科　名：コミカンソウ(トウダイグサ)科コミカンソウ属
◉花　色：緑白色
◉学　名：Phyllanthus tenellus

インド洋マスカレーヌ諸島原産の帰化植物。関東地方以西～沖縄の畑、道端に生える。草丈は20～70㎝でコミカンソウの仲間では一番大きい。互生する広楕円形の葉が枝に並んでつき、一見すると羽状複葉のように見える。夜には葉が閉じる就眠運動をする。花は長い柄をもち葉腋につく。雌花や果実は葉の上にのっているようにつく。

| | |
|---|---|
| 分　類 | 1年草 |
| 草　丈 | 20～70cm |
| 花　期 | 7～10月 |
| 分　布 | 本州～沖縄（帰化植物） |
| 生息地 | 畑、道端 |
| 別　名 | ブラジルコミカンソウ |

1月
2月
3月
4月
5月
6月
7月
8月
9月
10月
11月
12月

花や実が長い柄につながっているのが特徴

# ドクダミ
【蕺草】

◉科　名：ドクダミ科ドクダミ属
◉花　色：○白色
◉学　名：Houttuynia cordata

夏

市街地

道端や庭や草地などの日陰で少し湿り気のある場所で見かける。昔から知られた薬草の一つで、種々の薬効があることから十薬（じゅうやく）とも呼ばれ、民間薬として使われてきた。全草に独特の臭気があるので、乾燥させて臭気をなくしてから薬草茶などにする。民間薬として利用する人がいるので、家の周りでも見かける。

| 分　類 | 多年草 |
|---|---|
| 草　丈 | 20～40cm |
| 花　期 | 5～6月 |
| 分　布 | 本州～沖縄 |
| 生息地 | 藪、林縁、道端、日陰の空き地 |
| 別　名 | ジュウヤク、ドクダメ |

全体に特有の悪臭があるが、民間薬として利用されている

**観察のポイント！**

花弁のように見えるのは4枚の総苞片で、真ん中に立つ本当の花は雄しべと雌しべだけ

葉は心形で先が尖る

白い地下茎が横に這う

群生する様子

1月
2月
3月
4月
5月
6月
7月
8月
9月
10月
11月
12月

夏

市街地

# ヤブガラシ
【藪枯らし】

◉科　名：ブドウ科ヤブガラシ属
◉花　色：●緑色、花盤は●黄赤色
◉学　名：*Cayratia japonica*

道端や藪、畑やフェンス沿いなどで繁茂しているのを見かける。その勢いが藪を枯らすほど凄いのでこの名が付いた。別名のビンボウカズラの由来は、手入れの届かない貧乏な場所に生えるため。花は小さく、朝咲くとすぐに緑色の花弁は落下する。花の中心で目立っているオレンジ色のものは花盤（かばん）で、花盤の色は後にピンクに変わる。

|  |  |
|---|---|
| 分　類 | 多年草 |
| 草　丈 | 200～800cm（つる性） |
| 花　期 | 6～9月 |
| 分　布 | 日本全土 |
| 生育地 | 藪、林縁、土手、道端、畑、空き地 |
| 別　名 | ヤブカラシ、ビンボウカズラ |

地下茎を伸ばして広がり、茎から巻きひげを出して他物に絡みつく

**観察のポイント！**

花は小さく4枚の花弁は緑色。雌しべを囲む黄赤色の花盤は花弁が落ちるとピンクに変わる

春の若芽の様子

小葉5枚の鳥足状複葉

実は黒く熟す

1月
2月
3月
4月
5月
6月
7月
8月
9月
10月
11月
12月

# カタバミ

【傍食、片喰、酢漿草】

◉科　名：カタバミ科カタバミ属
◉花　色：黄色
◉学　名：Oxalis corniculata

庭、道端、草地、空き地などで見かける。冬でも日当たりの良い場所では黄色い花を咲かせている。葉をかじると酸っぱい。これは葉にシュウ酸を含んでいるから。そのためにスイモノグサという別名がある。葉はシロツメクサ(P.145)と同じく三つ葉で、夕方になると閉じる就眠運動をすることで知られている。

| | |
|---|---|
| 分　類 | 多年草 |
| 草　丈 | 5～10cm |
| 花　期 | 5～9月 |
| 分　布 | 日本全土 |
| 生育地 | 道端、庭、畑、空き地、芝生 |
| 別　名 | スイモノグサ、カガミグサ |

茎が地を這うように伸び、除去しにくい雑草

1月
2月
3月
4月
5月
6月
7月
8月
9月
10月
11月
12月

# オッタチカタバミ

【おっ立ち傍食】

◉科　名：カタバミ科カタバミ属
◉花　色：黄色
◉学　名：Oxalis dillenii

草地、畑地の縁、乾いた道端、アスファルトの隙間などで見かける。北アメリカ原産の帰化植物。1962年に京都で"発見"された。近年急激に増えてあちこちで見かける。名前は、カタバミ(上欄)と違って茎が立ち上がることから。花は黄色の5弁花で数個咲く。上を向いていた花柄が、花が終わると水平より下に下がるのが特徴。

| | |
|---|---|
| 分　類 | 多年草 |
| 草　丈 | 10～50cm |
| 花　期 | 4～10月 |
| 分　布 | 本州～九州(帰化植物) |
| 生育地 | 道端、空き地、庭、荒れ地 |
| 別　名 | |

近年急増中のカタバミの仲間で、茎が直立する

1月
2月
3月
4月
5月
6月
7月
8月
9月
10月
11月
12月

夏

市街地

# イモカタバミ

【芋傍食】

◉科　名：カタバミ科カタバミ属
◉花　色：●紅色
◉学　名：Oxalis articulata

観賞用に輸入された園芸植物だが、野生化しているのを道端などで見かける。南アメリカ原産の帰化植物。地下に芋のような茶色い塊茎（かいけい）があることが名の由来。塊茎は子芋を作ってふえる。塊茎が節のように分かれることから、別名をフシネハナカタバミ（節根花カタバミ）ともいう。葉は全て根元から生え、長い柄に３枚の大きな小葉がつく。

| | |
|---|---|
| 分　類 | 多年草 |
| 草　丈 | 10～25cm |
| 花　期 | 4～10月 |
| 分　布 | 本州中部以西（帰化植物） |
| 生育地 | 道端、空き地、荒れ地、畑 |
| 別　名 | フシネハナカタバミ |

ムラサキカタバミより花つきがよくて花色が濃く、花粉を出す

**観察のポイント！**

地下に茶色い芋のような塊茎ができ、子芋をつくってふえる。塊茎は茎が変形したもの

葉はすべて根生

雄しべの葯が黄色。花粉が出る

葉まれに見る白花

1月
2月
3月
4月
5月
6月
7月
8月
9月
10月
11月
12月

# ムラサキカタバミ
【紫酢漿草】

●科　名：カタバミ科カタバミ属
●花　色：●淡紅紫色
●学　名：Oxalis corymbosa

夏

市街地

道端、草地、空き地、庭などで見かけ、紅紫色の花を咲かす。江戸時代の末期に渡来。観賞用に栽培されたのだが逃げ出し、現在では雑草になっている。小さな鱗茎（りんけい）（タマネギのように茎の部分に葉っぱが何枚も重なったタイプの球根のこと）が散らばってふえ、各地で野生化したために、今では外来生物法で要注意種に指定されている。

| | |
|---|---|
| 分　類 | 多年草 |
| 草　丈 | 10～20cm |
| 花　期 | 5～10月 |
| 分　布 | 関東～西日本（帰化植物） |
| 生育地 | 道端、空き地、畑、庭、荒れ地 |
| 別　名 | キキョウカタバミ |

繁殖力が強く除草が困難。外来生物法で要注意種に指定

花粉ができないので結実しないが、地下にできる鱗茎が散らばってふえ、繁殖力がすごい

**草花遊び 葉の相撲：**葉柄のすじを出し、葉と葉を絡めて引っ張りあい、先に切れたほうが負け

雄しべの葯が白色。花粉が出ない

葉はすべて根生で毛がない

わずかな隙間にも生える

1月
2月
3月
4月
5月
6月
7月
8月
9月
10月
11月
12月

市街地

# ギシギシ

【羊蹄】

道端、畑の畔(あぜ)、荒れ地などのやや湿った場所で見かける風媒花(ふうばいか)。子どもたちが茎をすり合わせて、ギシギシと音を立てて遊んだことが名の由来との説があるが定かではない。在来種のギシギシ（本種）は、ヨーロッパ原産の外来種（エゾノギシギシやアレチギシギシなど）に追いやられてしまい、近年あまり見かけなくなった。

| 分　類 | 多年草 |
|---|---|
| 草　丈 | 50～100cm |
| 花　期 | 5～8月 |
| 分　布 | 日本全土 |
| 生育地 | 道端、田畑の畦、土手 |
| 別　名 | |

◉科　名：タデ科ギシギシ属
◉花　色：●淡緑色
◉学　名：Rumex japonicus

若芽は食用に、太くて大きい黄色い根を薬用や染色に利用する

## 観察のポイント！

実。内側の萼片が翼状になって実を包む。翼の縁に細かい鋸歯がある。粒状の突起が3個

**三杯酢**：若芽の薄い皮を取り除いてさっと茹で、同量の酢、しょうゆ、みりんを合わせて和える

若芽には薄い皮がある

葉は長楕円形で縁が波打つ

淡緑色の花が輪生する

1月
2月
3月
4月
5月
6月
7月
8月
9月
10月
11月
12月

# エゾノギシギシ

【蝦夷の羊蹄】

●科　名：タデ科ギシギシ属
●花　色：●淡緑色
●学　名：Rumex obtusifolius

ヨーロッパ原産の帰化植物。1909年に北海道で"発見"されたのが名の由来。やや湿り気のある畑の縁や道端、荒れ地に生え、茎や葉柄、葉の中央の脈が赤味を帯びることが多い。根生葉(こんせいよう)は大きな長楕円形で縁が細かく波を打つ。淡緑色の花が茎や枝の上部に段になって輪生し、大きな穂になる。果実を包む翼の縁にギザギザの突起がある。

| | |
|---|---|
| 分　類 | 多年草 |
| 草　丈 | 50～130cm |
| 花　期 | 5～10月 |
| 分　布 | 北海道～九州(帰化植物) |
| 生育地 | 道端、田畑の畦、土手、荒れ地 |
| 別　名 | ヒロハギシギシ |

実の翼に棘状の突起があり、粒状の突起は1個

1月
2月
3月
4月
5月
6月
7月
8月
9月
10月
11月
12月

# アレチギシギシ

【荒地羊蹄】

●科　名：タデ科ギシギシ属
●花　色：●淡緑色
●学　名：Rumex conglomeratus

ヨーロッパ原産の帰化植物で、1905年に横浜で"発見"された。荒地、道端に生え、草丈は40～120㎝になる。茎や葉が赤みを帯び、他のギシギシ類に比べて草姿がほっそりしている。小さな淡緑白色花が、茎の上部の葉の腋に輪生状に集まってつくが、離れてつくので、花序がまばらに見える。果実の翼は小さく、こぶ状の突起が赤くなる。

| | |
|---|---|
| 分　類 | 多年草 |
| 草　丈 | 30～120cm |
| 花　期 | 6～7月 |
| 分　布 | 日本全土(帰化植物) |
| 生育地 | 道端、田畑の畦、土手、荒れ地 |
| 別　名 | |

ほっそりした姿で、間をあけて花がまばらにつく

1月
2月
3月
4月
5月
6月
7月
8月
9月
10月
11月
12月

市街地

# オオケタデ

【大毛蓼】

◉科　名：タデ科タデ属
◉花　色：●紅色、●淡紅色
◉学　名：Persicaria pilosa

花壇、庭、河原などで見かける。中国南部、東南アジア原産の帰化植物。古い時代に渡来し、こぼれた種子で野生化している。タデ類で大形であること、全体に毛が多いことから大毛蓼(おおけたで)という。タデの仲間の中では丈がもっとも高くなる。花穂(かすい)が太い円柱形で、先端が弓なりに垂れ下がるのが特徴。先の尖(とが)った大きなハート形の葉が互生する。

| 分　類 | 1年草 |
|---|---|
| 草　丈 | 100～200cm |
| 花　期 | 7～10月 |
| 分　布 | ほぼ日本全土(帰化植物) |
| 生育地 | 道端、空き地、荒れ地、河原 |
| 別　名 | トウタデ、ハブテコブラ |

全体に毛が多く、美しい花を咲かせ栽培もされる

# オオイヌタデ

【大犬蓼】

◉科　名：タデ科タデ属
◉花　色：●淡紅色、○白色
◉学　名：Persicaria lapathifolia

道端、空き地、荒れ地、河川敷などで見かける。イヌタデ(P.260)に似るが、それより大形なのが名の由来。2mくらいの高さになり、在来種のタデの仲間では最も大きいだろう。枝先に淡いピンク色か白色の小さな花が多数、穂状(すいじょう)について、穂の先端がゆるやかに垂れ下がる。花弁のように見えるのは萼片(がくへん)で花後(かご)も落ちずに残る。

| 分　類 | 1年草 |
|---|---|
| 草　丈 | 100～200cm |
| 花　期 | 6～11月 |
| 分　布 | 日本全土 |
| 生育地 | 道端、荒れ地、畑の畦、河原 |
| 別　名 | |

1月 2月 3月 4月 5月 6月 7月 8月 9月 10月 11月 12月

茎、葉ともに大形で、空き地に群生する

夏

市街地

## ミチヤナギ
【道柳】

◉科　名：タデ科ミチヤナギ属
◉花　色：●緑色で上部は○白色
◉学　名：Polygonum aviculare

道端、庭、畑の周り、荒れ地、公園など、きわめて身近な場所で見かける。細長い葉がヤナギに似ていて、道端に生えることが名の由来。また、茎は下からよく分枝し、地面を這うか斜めに立ち上がる。低く広がるので踏み付けにも強い。ほかのタデの仲間とは違い、互生する葉の腋から花が出る点が特徴。庭でもよく見かけるので庭柳ともいう。

| 分　類 | 1年草 |
|---|---|
| 草　丈 | 10～40cm |
| 花　期 | 5～10月 |
| 分　布 | 日本全土 |
| 生育地 | 道端、畑、庭、空き地、荒れ地 |
| 別　名 | ニワヤナギ |

茎が低く広がり、丈夫で踏みつけられても平気

1月
2月
3月
4月
5月
6月
7月
8月
9月
10月
11月
12月

## カラスビシャク 毒草
【烏柄杓】

◉科　名：サトイモ科ハンゲ属
◉花　色：●緑色、●帯紫色
◉学　名：Pinellia ternata

道端、庭、空き地、畑などで見かける。根絶やしにするのが難しい雑草として知られている。漢方薬の原料になるため、かつて、一般の人が球茎を掘って薬屋に売り、小銭をためたのでヘソクリという別名もある。葉より高く直立する花茎の先端に、細い仏炎苞（ぶつえんほう）をつけ、仏炎苞からは糸状の長い付属体がすっと上に伸びている。

| 分　類 | 多年草 |
|---|---|
| 草　丈 | 20～40cm |
| 花　期 | 5～8月 |
| 分　布 | 日本全土 |
| 生育地 | 草地、林縁、畑 |
| 別　名 | ハンゲ、ヘソクリ |

畑の雑草だが、漢方では球茎を薬用にする

1月
2月
3月
4月
5月
6月
7月
8月
9月
10月
11月
12月

夏

市街地

# スベリヒユ
【滑り莧】

●科　名：スベリヒユ科スベリヒユ属
●花　色：●黄色
●学　名：Portulaca olelacea

夏に強い雑草で、畑や市街地の空き地、道端、庭、公園などでよく見かける多肉植物の1つ。乾燥に強く、梅雨明け頃から畑などにはびこる有害雑草として農家の人から嫌われている。雄しべに触れると触れた方向に曲がってくる。これは花粉を昆虫に運ばせるための工夫の一つ。ぬめりのある若い葉や茎先は茹(ゆ)でて食べられる。

| 分類 | 1年草 |
|---|---|
| 草丈 | 5～15cm |
| 花期 | 7～9月 |
| 分布 | 日本全土 |
| 生育地 | 畑、道端、庭 |
| 別名 | ウマビユ |

全体が多肉質で乾燥に強く、畑の有害雑草だが食用にもなる

## 観察のポイント！

実は熟すと横に裂け、上半分の帽子のような蓋がとれて、中に入っている種子がこぼれる

芽生え

日が当たると開く花

蓋がついている若い実

1月
2月
3月
4月
5月
6月
7月
8月
9月
10月
11月
12月

# ハゼラン
**【爆蘭、米花蘭】**

◉科　名：スベリヒユ科ハゼラン属
◉花　色：●紅色
◉学　名：Talinum triangulare

夏

市街地

草地や道端の敷石のすき間などで見かける。熱帯アメリカ原産。明治の初めに観賞用に導入された園芸植物。丸い果実がサンゴ（＝コーラル）のように見えるので、英名はコーラルフラワー。また、花が午後3時ごろに咲き、しばらくするとしぼむことから「三時花（さんじばな）」とか「三時草（さんじそう）」とも呼ばれる。名前に「ラン」と付くがランの仲間ではない。

| | |
|---|---|
| 分　類 | 1年草 |
| 草　丈 | 15～80cm |
| 花　期 | 7～9月 |
| 分　布 | 本州～沖縄（帰化植物） |
| 生育地 | 道端、駐車場 |
| 別　名 | サンジソウ、ハナビグサ |

駐車場やブロック塀の下、道端などで線香花火のように咲いている

**観察のポイント！**

葉の位置よりも高く出した円錐花序を出し、直径6㎜ほどの小さな5弁花を多数つける

倒卵形の葉を広げた姿

球形でつやつやした実

円錐花序をつくる

1月
2月
3月
4月
5月
6月
7月
8月
9月
10月
11月
12月

夏

市街地

# メキシコマンネングサ

【めきしこ万年草】

道端、庭、公園などで見かける。園芸植物として導入されたようだが時期は不明。メキシコの名がついているが、メキシコやアメリカには自生せず、原産地も不明。茎や葉の内部に水分を貯蔵する多肉植物の一種。排ガスに強く、道路の分離帯でも旺盛に繁殖している。また、乾燥にも強く屋上緑化などにも利用される。葉は円柱状線形。

| | |
|---|---|
| 分 類 | 多年草 |
| 草 丈 | 10～25cm |
| 花 期 | 4～5月 |
| 分 布 | 本州（関東以西）～九州（帰化植物） |
| 生育地 | 道端、空き地 |
| 別 名 | アメリカマンネングサ、クルマバマンネングサ |

1月 2月 3月 4月 5月 6月 7月 8月 9月 10月 11月 12月

◉科　名：ベンケイソウ科マンネングサ属
◉花　色：黄色
◉学　名：Sedum mexicanum

直立する茎は赤みを帯びず、枝を水平に広げる

# コモチマンネングサ

【子持万年草】

道端、草地、田んぼの畦などで見かける。花が咲く頃に葉腋（ようえき）（葉のつけ根）にムカゴ（球状の芽）ができる。その姿からこの名が付けられた。ムカゴは、地面に落ちて新しい苗になり繁殖する。枝分かれした茎の先に、輝くような黄色の小さい花を上向きにつける。全体に多肉質で、茎の下部は地を這い、上部は斜めに立ち上がる。

| | |
|---|---|
| 分 類 | 1年草 |
| 草 丈 | 5～20cm |
| 花 期 | 5～6月 |
| 分 布 | 本州～沖縄 |
| 生育地 | 道端、庭の隅、草地、田畑の畦 |
| 別 名 | |

1月 2月 3月 4月 5月 6月 7月 8月 9月 10月 11月 12月

◉科　名：ベンケイソウ科マンネングサ属
◉花　色：黄色
◉学　名：Sedum bulbiferum

柔らかで弱々しい感じ。葉腋につく珠芽でふえる

# メノマンネングサ

【雌の万年草】

●科　名：ベンケイソウ科マンネングサ属
●花　色：黄色
●学　名：Sedum japonicum

日当たりのよい乾燥地を好む。石垣などで見かける。「雄の万年草」(下欄)より少し小形で優しい感じがするのが名前の由来。コモチマンネングサに似るが、ムカゴはつけない。なお「万年草」とは、多肉で乾燥に強くて、摘んでも枯れないことを表している。地面を匍匐して横に広がり、葉は厚く細長い円柱形で、黄色い5弁花を咲かせる。

| | |
|---|---|
| 分　類 | 多年草 |
| 草　丈 | 10～20cm |
| 花　期 | 5～6月 |
| 分　布 | 本州～九州 |
| 生育地 | 田畑、荒れ地、岩場、石垣、河原 |
| 別　名 | |

小さな葉をつけ赤みを帯びた茎が長く地面を這う

1月
2月
3月
4月
5月
6月
7月
8月
9月
10月
11月
12月

# オノマンネングサ

【雄の万年草】

●科　名：ベンケイソウ科マンネングサ属
●花　色：黄色
●学　名：Sedum lineare

川岸や林縁などに生えるほか、人家の石垣の隙間や道端などでも見かける。茎は地を這い、上部は斜めに立ち上がる。葉は長さ2～3㎝の多肉質の線形で光沢のない白緑色。ふつう3枚が輪生する。花茎の先に、直径1.5㎝の黄色の花を多数つける。花は5弁花で星形に平らに開く。小形のメノマンエングサより大形なので名付けられた。

| | |
|---|---|
| 分　類 | 多年草 |
| 草　丈 | 10～20cm |
| 花　期 | 5～6月 |
| 分　布 | 本州～九州 |
| 生育地 | 道端、岩場、石垣、河川敷 |
| 別　名 | |

人家の石垣などにも生え、白緑色の細い葉をつける

1月
2月
3月
4月
5月
6月
7月
8月
9月
10月
11月
12月

市街地

# ツルマンネングサ

**【蔓万年草】**

◉科　名：ベンケイソウ科マンネングサ属
◉花　色：●黄色
◉学　名：Sedum sarmentosum

日当たりの良い乾燥地を好む。朝鮮、中国原産で、古くから帰化していたといわれている。花をつける前の若い茎葉（けいよう）は和え物などにして食べられる。全体に無毛で多肉質。長い茎が地面を這って群生する。花をつける茎は立ち上がり、5～6月ごろ、黄色の5弁花を咲かせる。冬季には地上部は枯れ、小さな新芽で越冬する。

| | |
|---|---|
| 分　類 | 多年草 |
| 草　丈 | 10～20cm |
| 花　期 | 5～7月 |
| 分　布 | 日本全土（帰化植物） |
| 生育地 | 道端、石垣、河川敷 |
| 別　名 | |

都市近郊で多く見られる多肉植物で、つる状の茎が地面を這う

**観察のポイント！**

茎は赤みを帯び、基部でよく分枝して這うように広がる。葉は柄がなく3枚ずつ輪生する

花は黄色の5弁花

花をつけない茎は地を這う

群生の様子

1月
2月
3月
4月
5月
6月
7月
8月
9月
10月
11月
12月

# シロツメクサ
【白詰草】

◉科　名：マメ科シャジクソウ属
◉花　色：○白色
◉学　名：Trifolium repens

夏

市街地

道端、草地、畑地などで見かける。クローバーの名でも親しまれている。子どものころに、四つ葉を見つけると幸せになれるという「四つ葉のクローバー探し遊び」をした人も多いのでは。江戸時代に、オランダから送られてきたガラス器の箱に、緩衝材(かんしょうざい)として詰め込まれていたのでこの名が付いた。20cmもある長い柄の先に花を咲かせる。

| | |
|---|---|
| 分　類 | 多年草 |
| 草　丈 | 10～20cm |
| 花　期 | 4～9月 |
| 分　布 | 日本全土(帰化植物) |
| 生育地 | 草地、道端、空き地、河川敷 |
| 別　名 | クローバー、オランダゲンゲ |

立ち上がるのは葉や花の柄だけで、茎は地面を這い踏みつけに強い

白いボールのような花は、小さな蝶形花が多数集まったもの。花の柄に葉はつかない

**草花遊び　メガネ**：柄を三つ編みにして輪にしたものを2つつなげ、花をつけた柄を輪に通して耳にかける

茎は地面を這う

四つ葉のクローバー

受粉すると花が下向きに垂れる

1月
2月
3月
4月
5月
6月
7月
8月
9月
10月
11月
12月

市街地

# アカツメクサ

【赤詰草】

◉科　名：マメ科シャジクソウ属
◉花　色：●紅紫色、○白色
◉学　名：Trifolium pratense

草地、空き地、畑地、道端などで見かける。ヨーロッパ原産で、明治時代に牧草として入ってきたものが各地に帰化した。ムラサキツメクサともいう。シロツメクサ (P.145) に似ているが、本種は花の穂が大きく、ピンクの色が付いているし、茎が立ち上がって花を付ける点も違う。小さな美しい花だが、ちゃんとマメ科の花の形をしている。

| | |
|---|---|
| 分　類 | 多年草 |
| 草　丈 | 30～60cm |
| 花　期 | 5～10月 |
| 分　布 | 日本全土(帰化植物) |
| 生育地 | 草地、田の畦、道端、荒れ地 |
| 別　名 | ムラサキツメクサ、レッドクローバー |

全体に毛があり、シロツメクサと違って分枝する茎が立ち上がる

**観察のポイント!**

花は紅紫色で、シロツメクサより大きく蝶形花は細長い。花のすぐ下に葉が1対つく

成長初期の姿

小葉にV字形の斑紋がある

まれに見る白花

# ヤハズソウ

【矢筈草】

道端や空き地や野原などで見かける。葉は3枚の小葉からなっていて、この小葉の先を引っ張ると、V字形にちぎれて矢筈(やはず)(矢の端にある弓のつるを受ける部分のこと)の形になるので、この名前が付いた。いっしょに植えられることの多いマルバヤハズソウは茎に上向きの毛がある(本種の毛は下向き)ので見分けられる。

| | |
|---|---|
| 分 類 | 1年草 |
| 草 丈 | 10～30cm |
| 花 期 | 8～10月 |
| 分 布 | 日本全土 |
| 生育地 | 道端、草地、河原 |
| 別 名 | |

◉科　名：マメ科ヤハズソウ属
◉花　色：淡紅色
◉学　名：Kummerowia striata

茎は細くても丈夫で、踏みつけにもかなり強い

1月 2月 3月 4月 5月 6月 7月 8月 9月 10月 11月 12月

---

# メドハギ

【蓍萩、筮萩】

草地や道端などで見かける。名は、「蓍(めどぎ)(＝筮)萩」の発音〈メドギハギ〉が詰まったもの。「蓍」は占いに用いる道具・筮竹(ぜいちく)のことで、現在は竹を使うのだが、元は本種の茎を使ったことから名付けられた。3枚の小葉からなる複葉が密につき、腋(わき)に2、3個の花がつく。本種は茎の下部が木質化して木のように見え、箒状(ほうきじょう)になることも特徴。

| | |
|---|---|
| 分 類 | 多年草 |
| 草 丈 | 60～100cm |
| 花 期 | 8～10月 |
| 分 布 | 日本全土 |
| 生育地 | 草地、土手、荒れ地、河原 |
| 別 名 | |

◉科　名：マメ科ハギ属
◉花　色：淡黄色で紫色の斑が入る
◉学　名：*Lespedeza cuneata*

直立する茎の下部が木質化して低木状に育つ

1月 2月 3月 4月 5月 6月 7月 8月 9月 10月 11月 12月

夏

市街地

# クサフジ

【草藤】

◉科　名：マメ科ソラマメ属
◉花　色：●青紫色
◉学　名：*Vicia cracca*

日当たりのよい草地や林縁(りんえん)、道端などで見かける。名は、つる性の草なのに葉も花も樹木の藤（フジ）に似ていることから。花は、咲き初めは赤みがかっているが、完全に開くと美しい青紫色(せいししょく)になる。中には純白の花を咲かせる種類もある。つる状の茎は地面を這うか、巻きひげで絡み付いて伸び、ほかの植物に覆いかぶさるように茂る。

| 分　類 | 多年草 |
| --- | --- |
| 草　丈 | 80～150cm（つる性） |
| 花　期 | 5～9月 |
| 分　布 | 北海道～九州 |
| 生育地 | 草地、土手、林縁 |
| 別　名 | |

葉の腋から出る柄に
青紫色の花を総状に密につける

## 観察のポイント！

葉が薄いのが特徴。小葉は18～24枚で、葉の先端が巻きひげになり、ほかの植物に巻き付く

蝶形花が多数つく

托葉は深く2裂し先が尖る

実は豆果

1月
2月
3月
4月
5月
6月
7月
8月
9月
10月
11月
12月

# ナヨクサフジ

【弱草藤】

◉科　名：マメ科ソラマメ属
◉花　色：●紫色
◉学　名：Vicia villosa subsp. varia

道端、草地、畑地などで見かける。ヨーロッパ原産の帰化植物。1943年に九州の天草で“発見”された。その後、緑肥や飼料に栽培されていたものが逃げ出し、現在では各地で野生化。在来種のクサフジ（左ページ）より多く見かける。茎はつる性でほかの植物によりかかって伸びる。花が、花柄の片側だけに片寄って咲くのが特徴。

| | |
|---|---|
| 分　類 | 多年草 |
| 草　丈 | 50～200cm（つる性） |
| 花　期 | 5～9月 |
| 分　布 | 日本全土（帰化植物） |
| 生育地 | 道端、空き地、土手、畑 |
| 別　名 | ヘアリーベッチ |

緑肥として用いられたものが野生化したもの

1月 2月 3月 4月 5月 6月 7月 8月 9月 10月 11月 12月

# ネコハギ

【猫萩】

◉科　名：マメ科ハギ属
◉花　色：○白で中心部に●紅紫色の斑が入る
◉学　名：Lespedeza pilosa

日当たりのよい草地や道端などに生える。全体に軟毛が多く、茎が地面を這うように広がるのが特徴。葉は3枚からなる複葉で、小葉は長さ1～2㎝の倒卵形で丸く、両面に黄褐色の毛がある。白い花はマメ科特有の蝶形花で、葉の腋につく。よく目立つ上側の旗弁の基部に紅紫色の班紋がある。正常に咲く花の他に閉鎖花もつける。

| | |
|---|---|
| 分　類 | 多年草 |
| 草　丈 | 30～80cm |
| 花　期 | 7～10月 |
| 分　布 | 本州～九州 |
| 生育地 | 道端、草地、荒れ地 |
| 別　名 | |

茎が地面を這い、丸くて毛が多い葉をつける

1月 2月 3月 4月 5月 6月 7月 8月 9月 10月 11月 12月

夏

市街地

# コメツブツメクサ

【米粒詰草】

草地や空き地、荒れ地などで見かける。1930年代に“発見”された帰化植物。シロツメクサ(P.145)の仲間で、「コメツブ」は、非常に小さいという意味。細い茎はよく分枝し地面を這うように広がる。4～7月に、5～20個の蝶形花が球形に集まって咲く。よく似たクスダマツメクサ(下欄)は、球形に集まる花の数が多い。

| | |
|---|---|
| 分　類 | 1年草 |
| 草　丈 | 20～40cm |
| 花　期 | 5～8月 |
| 分　布 | 日本全土(帰化植物) |
| 生育地 | 道端、草地、空き地、芝生、河原 |
| 別　名 | コゴメツメクサ、キバナツメクサ |

1月
2月
3月
4月
5月
6月
7月
8月
9月
10月
11月
12月

◉科　名：マメ科シャジクソウ属
◉花　色：黄色
◉学　名：Trifolium dubium

茎が分枝して広がり、空き地などに群生する

# クスダマツメクサ

【薬玉詰草】

ヨーロッパ原産の帰化植物で、全国の市街地や河川敷などに群生する。ツメクサ類の中では、球形の花序がやや大きく、薬玉(くすだま)に見立てて名付けたといわれる。花は黄色の小さな蝶形花で、20～60個が集まって楕円状球形になる。受粉後は花が下を向き、花弁が大きくなるのが特徴で、花が枯れても落ちずに残って果実を包む。

| | |
|---|---|
| 分　類 | 1年草 |
| 草　丈 | 20～50cm |
| 花　期 | 6～8月 |
| 分　布 | 日本全土(帰化植物) |
| 生育地 | 道端、空き地、荒れ地、河川敷 |
| 別　名 | ホップツメクサ |

1月
2月
3月
4月
5月
6月
7月
8月
9月
10月
11月
12月

◉科　名：マメ科シャジクソウ属
◉花　色：黄色
◉学　名：Trifolium campestre

20個以上の小さな蝶形花が球形に集まる

## ナツズイセン 毒草

**【夏水仙】**

●科　名：ヒガンバナ科ヒガンバナ属
●花　色：淡紅紫色
●学　名：Lycoris squamigera

林縁、土手、田んぼの畦、庭などで見かける。古い時代に中国から渡来して野生化したものと考えられている。ヒガンバナの仲間では、最も大きな花を咲かせるが、花びらは強く反り返らない。線形の葉がスイセンの葉に似ていて、花が夏に咲くのでこの名前に。"夏に咲くスイセン"ではないので、誤解して覚えないよう注意したい。

| | |
|---|---|
| 分　類 | 多年草 |
| 草　丈 | 50～70cm |
| 花　期 | 8～9月 |
| 分　布 | 本州～九州 |
| 生育地 | 人家の近くの草地 |
| 別　名 | |

ヒガンバナの仲間では花が最大。葉は早春に出る

1月 2月 3月 4月 5月 6月 7月 8月 9月 10月 11月 12月

## キツネノカミソリ 毒草

**【狐の剃刀】**

●科　名：ヒガンバナ科ヒガンバナ属
●花　色：黄赤色
●学　名：Lycoris sanguinea

竹藪、林縁、土手、田の畦、庭などで見かける。日本在来の植物。細長い葉の形を剃刀(かみそり)に例えてこの名前が付けられた。ヒガンバナの仲間で、ヒガンバナよりもひとまわり大きな花を咲かせる。春に地下の鱗茎(りんけい)から葉を出し、その葉が夏に枯れた後、朱色の花を3～5個つける。鱗茎にアルカロイドを含む有毒植物である。

| | |
|---|---|
| 分　類 | 多年草 |
| 草　丈 | 30～50cm |
| 花　期 | 8～9月 |
| 分　布 | 本州(関東以西)～九州 |
| 生育地 | 林の中、林縁 |
| 別　名 | |

花は1つの花茎に3～5個咲く。実は扁球形

1月 2月 3月 4月 5月 6月 7月 8月 9月 10月 11月 12月

夏

市街地

# ニワゼキショウ

【庭石菖】

●科　名：アヤメ科ニワゼキショウ属
●花　色：淡紫色、白、紫色の脈があり中央は黄色
●学　名：Sisyrinchium atlanticum

道端、芝地、草地、庭などで見かける。北アメリカ原産の帰化植物。明治時代に園芸植物として導入され、東京の小石川植物園に植えられた後、各地に帰化したといわれている。名は、庭先に生えて、葉がセキショウ（サトイモ科）に似ていることから。剣状の細い葉が根際から出る。群生し、花は夕方にはしぼむ一日花だが、次々と咲く。

| | |
|---|---|
| 分　類 | 多年草 |
| 草　丈 | 10～30cm |
| 花　期 | 5～6月 |
| 分　布 | 日本全土（帰化植物） |
| 生育地 | 芝生、道端、草地 |
| 別　名 | ナンキンアヤメ |

1月 2月 3月 4月 5月 6月 7月 8月 9月 10月 11月 12月

白花もあるが、ふつうは淡紫色

# ルリニワゼキショウ

【瑠璃庭石菖】

●科　名：アヤメ科ニワゼキショウ属
●花　色：青紫色
●学　名：Sisyrinchium angustifolium

北アメリカ原産で、観賞用に導入されたものが逸脱したと思われる帰化植物。日当たりのよい人家近くの草地や公園などに生える。株はニワゼキショウ（上欄）より大きい。茎や葉は斜上し、扁平の茎の翼がよく目立つ。花は光沢のある青紫色で、6枚の花被片はそれぞれの花びらの先が尖り、3本の雄しべの葯が合着して突き出るのが特徴。

| | |
|---|---|
| 分　類 | 多年草 |
| 草　丈 | 15～40cm |
| 花　期 | 4～6月 |
| 分　布 | 日本全土（帰化植物） |
| 生育地 | 道端、荒れ地 |
| 別　名 | アイイロニワゼキショウ、ヒレニワゼキショウ |

1月 2月 3月 4月 5月 6月 7月 8月 9月 10月 11月 12月

ニワゼキショウより少し大きく、近年よく見る

# ヤブカンゾウ

【藪萱草】

道端、土手、林縁などで見かける。名前は「藪に生えている萱草」という意味で、似ているノカンゾウ（P.154）より人家に近いところに生えていることを表している。ノカンゾウとの一番の違いは花の咲き方で、本種は八重咲き（花びらが重なり合っている）だが、ノカンゾウは一重咲き（花弁がほとんど重ならない）。

|  |  |
|---|---|
| 分　類 | 多年草 |
| 草　丈 | 70～90cm |
| 花　期 | 7～8月 |
| 分　布 | 北海道～九州 |
| 生育地 | 道端、田畑の畦、土手、草地、河原 |
| 別　名 | ワスレグサ、オニカンゾウ |

◉科　名：ワスレグサ科ワスレグサ属
◉花　色：●橙黄色
◉学　名：Hemerocallis fulva var. kwanso

夏

市街地

道端や土手などに生え、若芽や花蕾（からい）を食用にするので栽培もされる

観察のポイント！

芽ぶきの頃、葉は扇形に開き、人という字を逆さにしたような姿。この葉で人形をつくった

**草花遊び　人形：**葉の基部を芯にして半分に折った葉を重ね、上部に野の花を挿して頭にする

根に紡錘状のこぶがある

花は八重咲き

人里でよく見かける

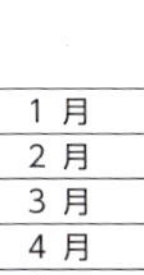

1月
2月
3月
4月
5月
6月
7月
8月
9月
10月
11月
12月

市街地

# ノカンゾウ

**【野萱草】**

- ◉科　名：ワスレグサ科ワスレグサ属
- ◉花　色：●橙色●橙赤色から●赤褐色
- ◉学　名：Hemerocallis fulva var. disticha

直立する花茎の先に、橙赤色の一重の花を下から順に咲かせる。花筒は長さ3～4㎝あり、細くて長いのが特徴。花は一日花で、ふつう結実しない。ヤブカンゾウ（P.153）同様、若芽やつぼみを食用にする。名は野原に多い「萱草」の意。「萱」は中国語で「忘れる」という意味があり、中国にはこの花を見て憂いを忘れるという故事がある。

| | |
|---|---|
| 分　類 | 多年草 |
| 草　丈 | 70～80cm |
| 花　期 | 7～8月 |
| 分　布 | 本州～沖縄 |
| 生育地 | 林縁、田の畦、野原、湿原 |
| 別　名 | ベニカンゾウ |

ヤブカンゾウより小形で、葉の幅も2㎝程度で狭い

**観察のポイント！**

花は直径7㎝ほど。一重咲きで二股に分かれる花茎の先につき、昼間だけ咲く一日花

**酢味噌和え：**若芽を茹でて水にとり、水気（け）を切る。酢、砂糖、味噌で酢味噌をつくって和える

食べごろの新芽

雄しべ6本が上向きに曲がる

群生する様子

# オニユリ

【鬼百合】

●科　名：ユリ科ユリ属
●花　色：●橙赤色
●学　名：Lilium lancifolium

夏

市街地

庭、草地、土手、道端、田の畦などで見かける。中国原産で、鱗茎(りんけい)を食用にするために栽培していたものが、野生化したといわれている。茎にも花にも紫褐色の斑点があり、葉の付け根にムカゴをつけるのが特徴で、実はつけずに、ムカゴが地面に落ちて増えていく。よく似たコオニユリはムカゴを付けず、葉も細い。

| | |
|---|---|
| 分　類 | 多年草 |
| 草　丈 | 100～200cm |
| 花　期 | 7～8月 |
| 分　布 | 北海道(南部)～九州 |
| 生育地 | 草地、田の畦 |
| 別　名 | テンガイユリ |

日本で珠芽をつけるユリはオニユリだけ。観賞用に栽培もされる

観察のポイント！

葉の腋に黒紫色で艶のある珠芽をいくつもつけ、これが地面に落ちて新しい株になる

葉は広線形で先が尖る

開花間近のつぼみは下を向く

花に暗紫色の斑点がある

1月
2月
3月
4月
5月
6月
7月
8月
9月
10月
11月
12月

市街地

# タカサゴユリ

**【高砂百合】**

◉科　名：ユリ科ユリ属
◉花　色：○白色　外側の中央脈は紫色を帯びる
◉学　名：Lilium formosanum

道路の法面、石垣の隙間、草地、空き地、道端などで見かける。台湾原産。観賞用に導入されたものが野生化している。名は、戦前の日本では台湾を「高砂国」と呼んでいたことから。タネをまくと1年以内で開花する。花がやや下向きに咲き、葉が細いのが特徴。最近は、テッポウユリとの交雑種した、白い花の新テッポウユリを多く見かける。

|  |  |
|---|---|
| 分　類 | 多年草 |
| 草　丈 | 40～200cm |
| 花　期 | 7～10月 |
| 分　布 | 本州～沖縄（帰化植物） |
| 生育地 | 道端、石垣、道路の法面 |
| 別　名 | スジテッポウユリ、タイワンユリ、ホソバテッポウユリ |

**観察のポイント！**

花はテッポウユリに似て長さ15㎝ほど。外側はやや暗紫色を帯び、紫色のすじが入る

花はテッポウユリに似るが、花筒がやや細く、葉もより細い

初夏の発芽

直立する若い実

花の外側が白い交雑種

1月
2月
3月
4月
5月
6月
7月
8月
9月
10月
11月
12月

夏

市街地

# ネジバナ

【捩花】

- ●科　名：ラン科ネジバナ属
- ●花　色：●淡紅色、○白色
- ●学　名：Spiranthes sinensis

日当たりの良い芝生や土手、空き地などで見かける。ランの仲間で、花茎（葉をつけず花をつける茎）の上部に、花が螺旋状（らせんじょう）にねじれてつくのでこの名前が付いた。そのためネジレバナとも呼ばれる。捻れの方向には右巻きと左巻きがあり、どちらも同じくらい見つかる。太い根があり、根元に細長い葉が数枚つく。別名は捩摺（もじずり）。

| 分　類 | 多年草 |
|---|---|
| 草　丈 | 15～40cm |
| 花　期 | 6～8月 |
| 分　布 | 北海道～九州 |
| 生育地 | 芝生、草地、土手、野原、田の畦 |
| 別　名 | モジズリ |

**観察のポイント！**

花は長さ4～6㎜。花茎の先に小さな花が横向きにねじれて咲く。唇弁は色が薄い

草地や庭の芝生などに生え、花穂のねじれ方はさまざまある

春の芽ぶき

花がねじれないタイプ

白花種

| 1月 |
|---|
| 2月 |
| 3月 |
| 4月 |
| 5月 |
| 6月 |
| 7月 |
| 8月 |
| 9月 |
| 10月 |
| 11月 |
| 12月 |

夏

市街地

# カラスムギ

【烏麦】

●科　名：イネ科カラスムギ属
●花　色：淡緑色
●学　名：Avena fatua

線路沿い、空き地などで見かける。ヨーロッパ原産の帰化植物。食用にならず、カラスが食べるようなムギだ、ということが名の由来。由来だと人間の役に立たない感じがするが、もともとは牧草として導入された植物。牧場から逃げ出して野生化し、空き地などで群生している。近縁のマカラスムギはオートミールの原料になっている。

| | |
|---|---|
| 分　類 | 1年草 |
| 草　丈 | 50～100cm |
| 花　期 | 5～7月 |
| 分　布 | ほぼ日本全土(帰化植物) |
| 生育地 | 道端、畑、空き地、荒れ地、河川敷 |
| 別　名 | チャヒキグサ |

1月 2月 3月 4月 5月 6月 7月 8月 9月 10月 11月 12月

牧草として入り、空き地などに野生化している

# ニワホコリ

【庭埃】

●科　名：イネ科スズメガヤ属
●花　色：淡紫色
●学　名：Eragrostis multicaulis

道端、空き地、庭、畑などによく生える。全体も細いが花穂も細い。その穂がまるで埃(ほこり)をかぶったように見えるのでこの名前に。裸地(草木が生えておらず、岩や土がむきだしになっている土地)のようなきわめて生育条件の悪い場所でも生長し花をつける筋金入りの雑草。茎の先に円錐花序を出し、赤紫色を帯びた小穂を多数つける。

| | |
|---|---|
| 分　類 | 1年草 |
| 草　丈 | 10～20cm |
| 花　期 | 7～9月 |
| 分　布 | 日本全土 |
| 生育地 | 道端、畑、庭、空き地 |
| 別　名 | |

1月 2月 3月 4月 5月 6月 7月 8月 9月 10月 11月 12月

全体に細くて小形。細かい穂をつけて群生する

# イヌビエ

【犬稗】

●科　名：イネ科イヌビエ属
●花　色：淡緑色
●学　名：Echinochloa crus-galli

市街地

道端、空き地、畑地などで見かける。外観が雑穀の稗（ひえ）（日本ではかつて重要な主食穀物だった）に似ているが食用にならず、人間の役に立たないという意味で名前の頭に「イヌ」が付く。「野に生えるヒエ」ということでノビエとも呼ばれる。小穂は淡緑色で、先はすこし垂れるのが特徴。葉は線形で先が尖（とが）っている。たくさんの仲間がある。

| 分　類 | 1年草 |
|---|---|
| 草　丈 | 70～120cm |
| 花　期 | 7～10月 |
| 分　布 | 日本全土 |
| 生育地 | 道端、田畑、空き地 |
| 別　名 | |

田畑の雑草で、多くの枝を出し小穂が密につく

1月 2月 3月 4月 5月 6月 7月 8月 9月 10月 11月 12月

# ケイヌビエ

【毛犬稗】

●科　名：イネ科イヌビエ属
●花　色：紫褐色
●学　名：Echinochloa crus-galli var. aristata

イヌビエ（上欄）の変種で、花穂には長短の暗紫褐色の芒（のぎ）があり、長いものは4cmほどありよく目立つ。この毛のような長い芒があることが名の由来。湿ったところを好み、田の畦（あぜ）や溝の縁などに群生している。イヌビエより全体に大きく、茎の高さは100cmになることもある。葉は長さ50cm、幅2cmの線状披針形で、表面と縁はざらつく。

| 分　類 | 1年草 |
|---|---|
| 草　丈 | 60～120cm |
| 花　期 | 7～10月 |
| 分　布 | 日本全土 |
| 生育地 | 水田、道端、草地、荒れ地、湿地、水辺 |
| 別　名 | |

夏の雑草。小穂についた芒（のぎ）が長いのが特徴

1月 2月 3月 4月 5月 6月 7月 8月 9月 10月 11月 12月

夏

市街地

# タイヌビエ

【田犬稗】

●科　名：イネ科イヌビエ属
●花　色：淡緑色
●学　名：Echinochloa oryzicola Vasing.

主に水田に生え、駆除が難しい水田雑草として嫌われている。茎は高さ1mほどで直立する。葉や茎、小穂（しょうすい）が紫色を帯びることはなく、黄緑色で無毛の葉は、長さ10～20㎝、幅8～12㎜で、縁が厚くて白いすじになるのが特徴。淡緑色の花序は長さ10～15㎝で、イヌビエ似るが、それより太く、小穂は芒（のぎ）がないか、あっても短い。

| 分　類 | 1年草 |
|---|---|
| 草　丈 | 40～90cm |
| 花　期 | 7～10月 |
| 分　布 | 日本全土 |
| 生育地 | 水田、湿地 |
| 別　名 | クサビエ |

1月
2月
3月
4月
5月
6月
7月
8月
9月
10月
11月
12月

葉縁が厚く、触れると手を切ることもある

# カモジグサ

【髢草】

●科　名：イネ科カモジグサ属
●花　色：緑白色、紫色
●学　名：Elymus tsukushiensis var. transiens

道端、土手、草地、畑の周りなどで群落をつくっているのを見かける。女の子が若葉で人形の髢（かもじ）(添え髪・義髪) を作って遊んだことが名の由来。本種の穂は紫色だが、本種によく似ているアオカモジグサの穂は緑色だから見分けられる。また、アオカモジグサは、実の時期に、長い毛 (芒（のぎ）) が反り返るが、本種はまっすぐなままである。

| 分　類 | 多年草 |
|---|---|
| 草　丈 | 50～100cm |
| 花　期 | 5～7月 |
| 分　布 | 日本全土 |
| 生育地 | 道端、野原、土手、畑の周り、草原 |
| 別　名 | ナツノチャヒキ |

1月
2月
3月
4月
5月
6月
7月
8月
9月
10月
11月
12月

先が垂れる花穂は紫色がかった白緑色

# カゼクサ

【風草】

◉科　名：イネ科スズメガヤ属
◉花　色：●紫褐色
◉学　名：Eragrostis ferruginea

庭先、公園、道端、空き地、土手などで見かける。かつて、中国原産の風知草(ふうちそう)・知風草(ちふうそう)（風知草と知風草は同じ植物）と間違えたことが名の由来といわれているが、微風にも穂が揺れるから、という説もある。根が丈夫で、踏みつけられても枯れない強健な雑草である。茎の先に大きな円錐花序をつけ、たくさんの小穂をつける。

| | |
|---|---|
| 分　類 | 多年草 |
| 草　丈 | 40～90cm |
| 花　期 | 8～9月 |
| 分　布 | 本州～九州 |
| 生育地 | 道端、空き地、畑、土手 |
| 別　名 | ミチシバ |

根が地中に深く張るので、引き抜きにくい

1月
2月
3月
4月
5月
6月
7月
8月
9月
10月
11月
12月

# カモガヤ

【鴨茅】

◉科　名：イネ科カモガヤ属
◉花　色：●緑色
◉学　名：Dactylis glomerata

道端や道路の法面(のりめん)などで見かける。ヨーロッパと西アジア原産の帰化植物。明治初期に牧草として渡来したものが各地で野生化した。本種の小穂の形がニワトリの足の形に似ているので、英名はcock's- foot grass（ニワトリの足の形をした草）。この英名を訳すときにニワトリをカモと間違えたためにカモガヤになったといわれる。

| | |
|---|---|
| 分　類 | 多年草 |
| 草　丈 | 80～100cm |
| 花　期 | 7～8月 |
| 分　布 | 北海道～九州（帰化植物） |
| 生育地 | 道端、草地、河川敷 |
| 別　名 | オーチャード・グラス |

オーチャード・グラスの名で牧草として知られる

1月
2月
3月
4月
5月
6月
7月
8月
9月
10月
11月
12月

市街地

| 月 |
|---|
| 1月 |
| 2月 |
| 3月 |
| 4月 |
| 5月 |
| 6月 |
| 7月 |
| 8月 |
| 9月 |
| 10月 |
| 11月 |
| 12月 |

## ムギクサ

**【麦草】**

◉科　名：イネ科オオムギ属
◉花　色：●緑色
◉学　名：Hordeum murinum

ヨーロッパ原産の帰化植物。日当たりのよい乾燥した草地や道端、畑の周り、海岸の砂地などに生える。草丈は10～50cmで、遠めに見ると背丈の低いオオムギのように見え、それが名前の由来になっているが、オオムギの仲間でもある。茎は中空の円形で、葉は柔らかく、長さ10cmほど。穂は長さ5～15cmで、5cmほどの長い芒（のぎ）がある。

| | |
|---|---|
| 分　類 | 1年草 |
| 草　丈 | 10～50cm |
| 花　期 | 5～7月 |
| 分　布 | 本州～九州(帰化植物) |
| 生育地 | 道端、畑、空き地、草地 |
| 別　名 | |

ずんぐりしたムギを思わせる姿で群生する

| 月 |
|---|
| 1月 |
| 2月 |
| 3月 |
| 4月 |
| 5月 |
| 6月 |
| 7月 |
| 8月 |
| 9月 |
| 10月 |
| 11月 |
| 12月 |

## セイバンモロコシ

**【西蕃蜀黍、西蛮蜀黍】**

◉科　名：イネ科モロコシ属
◉花　色：●赤褐色
◉学　名：Sorghum halepense

道端や畑地などで見かける大形の雑草。牧草に混じって渡来した、地中海沿岸原産の帰化植物。1943年に千葉県で“発見”され、戦後に急増した。名前は、「西蕃(中国・北方の胡族が住む国)のモロコシ」の意。ススキに似た草姿で群生する。ふつうは小穂に芒（のぎ）があるが、芒のないものをヒメモロコシと呼んで区別することがある。

| | |
|---|---|
| 分　類 | 多年草 |
| 草　丈 | 80～200cm |
| 花　期 | 7～10月 |
| 分　布 | 本州～沖縄(帰化植物) |
| 生育地 | 道端、荒れ地、河川敷、土手 |
| 別　名 | |

ススキに似た大株に円錐状に穂を付ける

# オカトラノオ

**【丘虎の尾】**

●科　名：サクラソウ科オカトラノオ属
●花　色：○白色
●学　名：*Lysimachia clethroides*

夏

山辺の町

丘陵地の日当たりのよい草地や土手の草原(くさはら)はらなどで見かける。夏を告げる野草である。名前は、太くて長い花の穂を虎の尻尾に見立てて、日の当たる丘に生えていることから名付けられた。しかし、群生して花穂が同じ方向に垂れて風にそよぐ姿は、獰猛な虎の尾のようにはとても見えない。花は一方に片寄ってつき、下から順に咲き上がる。

| | |
|---|---|
| 分　類 | 多年草 |
| 草　丈 | 60～100cm |
| 花　期 | 6～7月 |
| 分　布 | 北海道～九州 |
| 生育地 | 丘陵、草原 |
| 別　名 | |

**観察のポイント！**

花の直径は1cmほどで、深く5裂し、5本の雄しべはそれぞれ花の裂片と対生している

地下茎を伸ばしてふえるので、日当たりのよい草地などに群生する

春の姿

葉は長楕円形で互生

花穂は垂れるように曲がる

1月
2月
3月
4月
5月
6月
7月
8月
9月
10月
11月
12月

夏

山辺の町

# ホタルブクロ

**【蛍袋、火垂袋】**

◉科　名：キキョウ科ホタルブクロ属
◉花　色：●淡紅紫色、○白色
◉学　名：Campanula punctata

野山の道端、庭、草地などで見かける。名前は、ホタルをこの花の中に入れて光らせて遊んだことから。別名のチョウチンバナは、この花を火垂（ほたる）（提灯（ちょうちん）の古名）に例えたもの。似ているヤマホタルブクロの花には、萼（がく）の裂片の間の付属片がないことが本種と異なる点。愛らしい花なので、ツリガネソウ、トックリバナといった地方名も多い。

|  |  |
| --- | --- |
| 分　類 | 多年草 |
| 草　丈 | 30～80cm |
| 花　期 | 6～8月 |
| 分　布 | 北海道～九州 |
| 生育地 | 山野の林縁、野原 |
| 別　名 | チョウチンバナ、アメフリバナ |

釣り鐘形の花が釣り下がって咲き、昔から親しまれている

**観察のポイント！**

花の内側に濃紫色の斑点が入り、長い毛がある。萼片の間の湾入部に反り返る付属体がある

根生葉は卵心形

若い葉

花は鐘形（しょうけい）で長さ4～5㎝

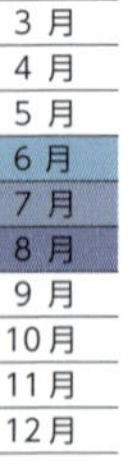

# カラスウリ

【烏瓜】

林縁(りんえん)、空き地、藪(やぶ)などで見かける。秋に、よく目立つ朱赤色の実が生る。実は赤くなると苦みがあるので食用には向かない。「カラスも食べないウリ」が名前の由来。白いレースを広げたような芸術的な美しい花を咲かせるが、花が咲くのは夜だけなので、花を観察してみたい場合は、昼間に開花しそうなつぼみを見つけておくことがポイント。

| | |
|---|---|
| 分　類 | 多年草 |
| 草　丈 | 300～500cm(つる性) |
| 花　期 | 8～9月 |
| 分　布 | 本州～九州 |
| 生育地 | 林縁、藪 |
| 別　名 | タマズサ |

◉科　名：ウリ科カラスウリ属
◉花　色：○白色
◉学　名：Trichosanthes cucumeroides

夏は夜に咲くレース状の花、秋は赤い実が目立つ

1月 / 2月 / 3月 / 4月 / 5月 / 6月 / 7月 / 8月 / 9月 / 10月 / 11月 / 12月

# キカラスウリ

【黄烏瓜】

林縁や藪などで見かける。カラスウリ(上欄)との違いは、実が黄色くてひとまわり大きいということだけではなく、熟すと甘くなり鳥たちによく食べられる。それに、花のレース部分が短いことも違う。芋状の根茎にはデンプン質が多く含まれていて、このデンプンを天瓜粉(てんかふん)(ベビーパウダー)と呼び、赤ちゃんの汗疹(あせも)や湿疹などの薬にする。

| | |
|---|---|
| 分　類 | 多年草 |
| 草　丈 | 300～500cm(つる性) |
| 花　期 | 8～9月 |
| 分　布 | 日本全土 |
| 生育地 | 林縁、藪 |
| 別　名 | |

◉科　名：ウリ科カラスウリ属
◉花　色：○白色
◉学　名：Trichosanthes kirilowii var. japonica

実は黄色で、レース状の花弁は太くて短い

1月 / 2月 / 3月 / 4月 / 5月 / 6月 / 7月 / 8月 / 9月 / 10月 / 11月 / 12月

夏

山辺の町

| 1月 |
|---|
| 2月 |
| 3月 |
| 4月 |
| 5月 |
| 6月 |
| 7月 |
| 8月 |
| 9月 |
| 10月 |
| 11月 |
| 12月 |

## クマツヅラ 毒草

【熊葛】

四角形の茎は、上部でよく分枝して直立し、高さ30〜80㎝になる。葉は3裂し、裂片はさらに細かく裂ける。枝先に小さな淡紅紫色の花を穂状(すいじょう)に多数つける。花は筒状で、先が五裂して平らに開く。ヨーロッパではバーベインの名をもつハーブで、鎮静作用があるといわれ「十字架の上の植物」や「聖なるハーブ」とも呼ばれている。

| 分類 | 多年草 |
|---|---|
| 草丈 | 30〜80cm |
| 花期 | 6〜9月 |
| 分布 | 本州〜沖縄 |
| 生育地 | 丘陵地の道端、野原、荒れ地 |
| 別名 | バベンソウ |

◉科　名：クマツヅラ科クマツヅラ属
◉花　色：淡紅紫色
◉学　名：Verbena officinalis

上部でよく分枝する細い枝の先に小さな花が咲く

| 1月 |
|---|
| 2月 |
| 3月 |
| 4月 |
| 5月 |
| 6月 |
| 7月 |
| 8月 |
| 9月 |
| 10月 |
| 11月 |
| 12月 |

## ノブドウ

【野葡萄】

野山、道端の藪、林縁、空き地などで見かける。名は「野山に生えるブドウ」の意。巻きひげでいろいろなものに絡みついて伸びていき、小さな5弁花をたくさんつける。実は、初めは白でその後、ピンク、瑠璃色（紫色を帯びた濃い青色）、紅色などに変化する。美しい実だが、中にハエやハチ類の幼虫が寄生しており、食べられない。

| 分類 | 多年草 |
|---|---|
| 草丈 | 200〜300cm（つる性） |
| 花期 | 7〜8月 |
| 分布 | 日本全土 |
| 生育地 | 林縁、林内、草原、空き地、土手、田畑の畦 |
| 別名 | |

◉科　名：ブドウ科ノブドウ属
◉花　色：淡緑色
◉学　名：Ampelopsis glandulosa var. heterophylla

色とりどりのきれいな実だが、食べられない

# ユキノシタ

【雪の下】

●科　名：ユキノシタ科ユキノシタ属
●花　色：○白色
●学　名：*Saxifraga stolonifera*

夏

山辺の町

やや湿っている庭先や石垣や山地などで群生している。丸い葉の表面には筋のような白い斑(ふ)が入り、裏面は紅色を帯びているが、実はこれが名前の由来に関係している。中世の日本では、衣装の表地が白、裏地が紅の場合、その配色を「雪の下」と呼んでいたのだ。細い紅色のランナー(茎)を伸ばしてふえ、花茎の先端に5弁花を多数つける。

| | |
|---|---|
| 分　類 | 多年草 |
| 草　丈 | 20～50cm |
| 花　期 | 5～6月 |
| 分　布 | 本州～九州 |
| 生育地 | 湿った岩の上 |
| 別　名 | コジソウ |

林の下や湿った岩の上などのほか、庭でも見られる

**観察のポイント！**

5枚の花弁のうち、上の3枚が小さく濃紅色の斑点が入り、下の2枚は八の字に垂れ下がる

葉は腎円形

ランナーを出して株をつくる

花は円錐状につく

1月
2月
3月
4月
5月
6月
7月
8月
9月
10月
11月
12月

夏

山辺の町

# ヤブミョウガ

【藪茗荷】

◉科　名：ツユクサ科ヤブミョウガ属
◉花　色：○白色
◉学　名：Pollia japonica

照葉樹林の林床（りんしょう）や藪の湿った場所、広い庭園内の林縁（りんえん）などで見かける。ミョウガの仲間ではないが、葉がミョウガに似ていることと、藪に生えることが名の由来。葉や茎には細かい毛が生えているので、さわるとザラザラする。白くて小さな花が、茎の上部に段になってつくが、開くとその日のうちにしぼむ一日花（いちにちばな）。花後（かご）、実が藍黒色に熟す。

| | |
|---|---|
| 分　類 | 多年草 |
| 草　丈 | 50～90cm |
| 花　期 | 8～9月 |
| 分　布 | 本州（関東以西）～沖縄 |
| 生育地 | 林内、藪 |
| 別　名 | |

林内に生え、茎やミョウガに似た葉は毛が多く、触れるとざらつく

**観察のポイント！**

茎の先に白い花が輪生状に数段つく。両性花と雄花が混じってつき、花は1日でしぼむ

葉は長楕円形

葉が接近して輪生状に見える

実は青藍色に熟す

1月
2月
3月
4月
5月
6月
7月
8月
9月
10月
11月
12月

# タケニグサ
毒草

【竹似草、竹煮草】

◉科　名：ケシ科タケニグサ属
◉花　色：◯白色
◉学　名：Macleaya cordata

夏

山辺の町

道端、草地、空き地などで見かける。名前の由来は、茎の中が空洞になっていて竹に似ているから竹似草という説と、本種と竹をいっしょに煮ると竹が柔らかくなるから竹煮草という説がある。2mにもなる高さで群生するので、日本では雑草として嫌われているが、欧米では観賞用に庭園で栽培される。風が強い日は白い葉裏が目立つ。

|  |  |
|---|---|
| 分　類 | 多年草 |
| 草　丈 | 100～200cm |
| 花　期 | 6～8月 |
| 分　布 | 本州～九州 |
| 生育地 | 丘陵、山野の草地、荒れ地 |
| 別　名 | チャンパギク |

**観察のポイント！**

花は花弁がなく多数の雄しべと1本の雌しべがあるだけ。開くと2枚の白い萼片がすぐ落ちる

白粉を帯びた茎が人の背丈以上になり、大きな花序をつけて目立つ

茎は中空。切ると橙黄色の汁が出る

葉裏は白い

若い実。平たい楕円形

1月
2月
3月
4月
5月
6月
7月
8月
9月
10月
11月
12月

夏

山辺の町

# クサノオウ 毒草

【草の黄】

◉科　名：ケシ科クサノオウ属
◉花　色：黄色
◉学　名：Chelidonium majus var. asiaticum

道端、草地、林縁などで見かける。アルカロイドを含む有毒植物。茎や葉を傷つけると黄色い汁（この汁が有毒）を出すので「草の黄」、薬草として優れているので「草の王」など、名前の由来にも本種が有毒植物であることが関係する。黄色い汁は有毒だが民間薬に使われ、虫刺されや腫れ物などといった皮膚病によく効くとされる。

| | |
|---|---|
| 分　類 | 1年草（越年草） |
| 草　丈 | 30～80cm |
| 花　期 | 4～7月 |
| 分　布 | 北海道～九州 |
| 生育地 | 草地、林縁、荒れ地 |
| 別　名 | イボクサ、タムシグサ、ヒゼングサ |

全体に柔らかく、縮れた毛があり粉白色を帯びている

**観察のポイント！**

花は鮮黄色の4弁花。多数の雄しべの間から突き出た青虫状の緑色の雌しべが実に育つ

冬の姿。ロゼット

茎を切ると黄赤色の汁が出る

棒状の若い実

# オニドコロ 毒草

**【鬼野老】**

◉科　名：ヤマノイモ科ヤマノイモ属
◉花　色：●黄緑色
◉学　名：Dioscorea tokoro

夏

山辺の町

道端、林縁の藪などで見かける。市街地でも野山でも見かける雑草。本種の根茎は太くて、ひげ根を多数出し、これを老人のひげに見たてて「野老（ところ）」の名が付いた。古名をトコロヅラといい、『万葉集』や『源氏物語』にも登場し、古くから親しまれている。正月には長寿を願って、本種の根茎を飾った。雌雄異株で、小さな花を多数つける。

| 分　類 | 多年草 |
| --- | --- |
| 草　丈 | 200cm 以上(つる性) |
| 花　期 | 7～8月 |
| 分　布 | 北海道～九州 |
| 生育地 | 林縁、林内、藪 |
| 別　名 | トコロ |

**観察のポイント！**

雌雄異株。小さな淡緑色の雄花は、花被片6枚が平らに開く。花序は葉腋から直立する

ヤマノイモの仲間だが食用にならず、葉腋にムカゴはつけない

葉は先が尖った円心形

雌花の穂は垂れ下がる

実は上向きにつく

1月
2月
3月
4月
5月
6月
7月
8月
9月
10月
11月
12月

山辺の町

# ヤマノイモ

【山の芋】

◉科　名：ヤマノイモ科ヤマノイモ属
◉花　色：○白色
◉学　名：Dioscorea japonica

藪（やぶ）、林縁、道端などで見かける。里で栽培されるサトイモに対して、山地にあることからこの名が付いた。山に自然に生える芋なので自然薯（じねんじょ）ともいう。ちなみに、熱帯地方では、ヤマノイモ類を栽培してタロイモの名で呼び、主食作物にしている。茎はつる性で、長く伸びてよく分枝し、雑木林や藪などでほかの植物に巻きついている。

| | |
|---|---|
| 分　類 | 多年草 |
| 草　丈 | 200cm 以上(つる性) |
| 花　期 | 7～9月 |
| 分　布 | 本州～沖縄 |
| 生育地 | 丘陵地、林縁、林内 |
| 別　名 | ジネンジョ |

## 観察のポイント！

雌雄異株。白い雄花はオニドコロ同様花被片は6枚あるが、平開しない。花序は上向きにつく

林縁に生え、地下のイモや対生する葉腋につくムカゴは食用にする

雌花。葉腋から垂れ下がる

実。3枚の翼がある

黄葉とムカゴ

1月
2月
3月
4月
5月
6月
7月
8月
9月
10月
11月
12月

# イタドリ

【虎杖】

◉科　名：タデ科タデ属
◉花　色：○白色
◉学　名：Reynoutria japonica

夏

山辺の町

道端、草地、空き地、林縁などで見かける。名前は、本種の若葉を揉みほぐして、傷の疼(いた)み（痛み）を取るために用いられたため、という説がある。本種の根を乾燥させたものを虎杖根(こじょうこん)（漢字名と同じ名）といい、これは有名な漢方薬で、抗菌作用が著しいといわれている。若い茎は生で食べられ、さわやかな酸っぱい味がする。

| | |
|---|---|
| 分　類 | 多年草 |
| 草　丈 | 50～150cm |
| 花　期 | 7～10月 |
| 分　布 | 北海道～九州 |
| 生育地 | 斜面、土手、荒れ地 |
| 別　名 | スカンポ、ドングイ |

日当たりのよい斜面などに生え、春の若い茎は山菜とされる（実の写真）

## 観察のポイント！

春に出る新芽は円柱形のタケノコ状。紅紫色の斑点がある。皮をむいて生食もできる

**煮つけ：**皮をむいて一口大に切り、だし汁で煮て、しょうゆで調味する

茎は直立し、葉は互生

遠目に黄色っぽく見える穂状の花

雌株は花後、実をつける

1月
2月
3月
4月
5月
6月
7月
8月
9月
10月
11月
12月

夏

山辺の町

# オオバジャノヒゲ

【大葉蛇の鬚】

◉科　名：キジカクシ科ジャノヒゲ属
◉花　色：淡紫色、白色
◉学　名：Ophiopogon planiscapus

太い地下茎が伸び、ランナー（茎）を出して湿った林内などに生育するほか、庭の下草にも利用される。ジャノヒゲ（P.175）に似るが、線形の葉が厚く大形で、幅は4～6㎜、長さは20～40㎝もある。夏に葉の中から太い花茎を伸ばし、上部に穂状に小さな花を横向きや下向きにつけ、花茎の先のほうが弓なりに曲がる。種子は大形で黒みがかる。

| | |
|---|---|
| 分　類 | 多年草 |
| 草　丈 | 20～30cm |
| 花　期 | 7～8月 |
| 分　布 | 本州～九州 |
| 生育地 | 林縁、林下 |
| 別　名 | |

1月 2月 3月 4月 5月 6月 7月 8月 9月 10月 11月 12月

ジャノヒゲより葉の幅が広く、厚みがある

# ノシラン

【熨斗蘭】

◉科　名：キジカクシ科ジャノヒゲ属
◉花　色：白色、淡紫色
◉学　名：Ophiopogon jaburan

温暖な海岸沿いの林の中で群生し、大きな株になって生えている。公園や庭などでも見かける。名の由来は不明。つやのある葉を熨斗(のし)包みに見立てたという説や、花茎が平たく翼のように張り出す姿を熨斗に例えたという説もあるが、どちらの例えもピンとこない。花は下向きに咲き、満開になると茎は倒れ気味になる。種子は瑠璃色(るりいろ)。

| | |
|---|---|
| 分　類 | 多年草 |
| 草　丈 | 30～80cm |
| 花　期 | 7～9月 |
| 分　布 | 本州（東海以西）～沖縄 |
| 生育地 | 海岸近くの林内、林縁、林下 |
| 別　名 | |

1月 2月 3月 4月 5月 6月 7月 8月 9月 10月 11月 12月

ジャノヒゲの仲間では最も大形で、花が密につく

# ジャノヒゲ

**【蛇の鬚】**

雑木林の中、林縁(りんえん)、草原、庭園などで見かける。別名はリュウノヒゲ。細い葉を蛇や龍の鬚(ひげ)に見立てて名付けられたようだ。林の中で見かけるほか、観賞用に庭にも植えられる。花は葉の間に隠れるようにして咲くので気づかないことがある。夏に咲く花よりも秋から冬にかけてできる、碧色(へきしょく)の実のような種子がよく目立つ。

| 分　類 | 多年草 |
|---|---|
| 草　丈 | 10～20cm |
| 花　期 | 7～9月 |
| 分　布 | 日本全土 |
| 生育地 | 土手、林内、林縁 |
| 別　名 | リュウノヒゲ |

◉科　名：キジカクシ科ジャノヒゲ属
◉花　色：●紫色、○白色
◉学　名：Ophiopogon japonicus

夏

山辺の町

## 観察のポイント!

下から見た花。白または淡紫色の花が10㎝程度の花茎に総状につく。雄しべが短い

根際からたくさんの細い葉を出し、ランナーを出して群生する

葉は細い線形

花は下向きに咲く

果実のように見える碧色の種子

1月
2月
3月
4月
5月
6月
7月
8月
9月
10月
11月
12月

夏

山辺の町

# オオバギボウシ

【大葉擬宝珠】

◉科　名：キジカクシ科ギボウシ属
◉花　色：●淡紫色、○白色
◉学　名：Hosta montana、Hosta sieboldiana

山地の草原や林内などに地下茎を伸ばして生育するほか、日陰を彩る植物として庭にも植栽される。ウルイという名でも親しまれている山菜で、葉がラッパ状に巻かれている若芽は、茹でるとぬめりのあるさっぱりした味わいが楽しめる。葉は大きく長い柄をもつ。葉よりも長い花茎を伸ばし、淡紫色の漏斗形（ろうとがた）の花を下向きに開く。

| | |
|---|---|
| 分　類 | 多年草 |
| 草　丈 | 50～100cm |
| 花　期 | 7～8月 |
| 分　布 | 北海道～九州 |
| 生育地 | 草原、林縁、林内、伐採跡地 |
| 別　名 | |

1月 2月 3月 4月 5月 6月 7月 8月 9月 10月 11月 12月

若芽はウルイの名で知られる山菜。淡紫色の花が咲く

# コバギボウシ

【小葉擬宝珠】

◉科　名：キジカクシ科ギボウシ属
◉花　色：●淡紫色
◉学　名：Hosta albo-marginata

山野の日当たりのよい湿地に生育し、庭にも植栽される。オオバギボウシ（上欄）同様、山菜として食べられる。葉は狭卵形から楕円形で、オオバギボウシのような光沢がなく、葉柄は長さ7～20㎝。花茎の上部に咲く花は淡紫色で、花被片の内側に濃紫色の脈がある。つぼみの形を橋の欄干につける擬宝珠（ぎぼうしゅ）に見立て、葉が小さいことが名の由来。

| | |
|---|---|
| 分　類 | 多年草 |
| 草　丈 | 30～60cm |
| 花　期 | 7～9月 |
| 分　布 | 北海道～九州 |
| 生育地 | 湿地 |
| 別　名 | |

1月 2月 3月 4月 5月 6月 7月 8月 9月 10月 11月 12月

葉は小さく、花の内側に濃紫色の脈がある

# ヤマユリ

【山百合】

草地や林縁で見かける。日本特産種。名前は、山野に自生することから。ユリ類の中では一番大きな花を開き、強烈な芳香を放つ。本種は世界中のユリの中でも最も華麗、と言われている。栽培もされ、神奈川県の県花になっている。鱗茎が「ゆり根」で、茶碗蒸しなどに入れて食べる。鱗茎はまた、解熱などに効果がある。薬用植物。

| | |
|---|---|
| 分類 | 多年草 |
| 草丈 | 100～150cm |
| 花期 | 6～8月 |
| 分布 | 本州(中部地方以北) |
| 生育地 | 草地、林縁、林内、土手 |
| 別名 | ヨシノユリ、エイザンユリ |

◉科　名：ユリ科ユリ属
◉花　色：○白色
◉学　名：Lilium auratum

夏

山辺の町

**観察のポイント！**

花びらの黄色のすじと赤い斑点が目立つ。赤褐色の花粉が衣服に付くとなかなか取れない

日本特産の大形のユリで山野に自生するほか、庭にも植えられる

つぼみは下向きにつく

葉は広線形で柄がない

地下にある鱗茎

1月 2月 3月 4月 5月 6月 7月 8月 9月 10月 11月 12月

夏

山辺の町

# ウバユリ

【姥百合】

◉科　名：ユリ科ユリ属
◉花　色：緑白色
◉学　名：Cardiocrinum cordatum

林の中や林縁で見かける。葉に長い葉柄（葉と茎の間にある細い柄）があるのが特徴。花を咲かせて果実をつけると、その株は枯れてしまう。花が咲くころに、葉が朽ちていることが多いことから、“葉なし”と“歯なし”と語呂を合わせて老婆の姿を連想し、「姥百合」と名付けられた。ユリにしては珍しく花色が地味である。

| 分　類 | 多年草 |
| --- | --- |
| 草　丈 | 50～100cm |
| 花　期 | 7～8月 |
| 分　布 | 本州（宮城県、石川県以西）～九州 |
| 生育地 | 林内、林縁 |
| 別　名 | |

1月
2月
3月
4月
5月
6月
7月
8月
9月
10月
11月
12月

直立する茎に緑白色の地味な花が横向きに咲く

---

# ラセイタソウ

【羅世板草】

◉科　名：イラクサ科イラクサ属
◉花　色：淡緑色
◉学　名：Boehmeria splitgerbera

日本特産の植物で、海岸の岩場や崖などで生育するため、厚くて細かいしわが多いゴワゴワした葉が特徴。名はこの葉の表面が、ラシャに似た手触りの粗い毛織物のラセイタに似ているところから付いたもの。雌雄同株で、小さな花を葉の腋(わき)に穂状につける。雄花穂(ゆうかすい)は黄白色で茎の下部に、雌花穂(しかすい)は淡緑色で球状に集まって上部に短くつく。

| 分　類 | 多年草 |
| --- | --- |
| 草　丈 | 50～70cm |
| 花　期 | 7～10月 |
| 分　布 | 北海道南部～紀伊半島までの太平洋岸 |
| 生育地 | 海岸の岩場 |
| 別　名 | |

1月
2月
3月
4月
5月
6月
7月
8月
9月
10月
11月
12月

細かいしわが多く、ざらざらする葉が特徴

# ジュズダマ

【数珠玉】

●科　名：イネ科ジュズダマ属
●花　色：●黄緑色
●学　名：Coix lacryma-jobi

夏

湿地

水辺、湿った草地、田んぼの畦、小川のほとりなどで見かける。光沢のある硬い苞鞘(ほうしょう)（玉のこと）に糸を通して珠数(じゅず)を作ったことが名の由来。かつて、子どもたちはこの玉に糸を通して首飾りにしたりして遊んだ。大形の多年草だが、日本では冬の寒さで枯れるので、１年草になる。ハトムギは本種の栽培種である。

| | |
|---|---|
| 分　類 | 多年草 |
| 草　丈 | 80～100cm |
| 花　期 | 7～11月 |
| 分　布 | 本州(関東以西)～沖縄 |
| 生育地 | 田の畦、川岸、道端 |
| 別　名 | トウムギ |

水辺に多く群生し、光沢のある"実"をたくさんつける

**観察のポイント！**

雌性の小穂。雌花は実と呼んでいる壺形の苞鞘の中にあり、白い柱頭だけが外に出ている

花期のころの姿

雄花序

トウモロコシに似た葉

1月
2月
3月
4月
5月
6月
7月
8月
9月
10月
11月
12月

夏

湿地

## タカサブロウ

【高三郎】

●科　名：キク科タカサブロウ属
●花　色：○白色
●学　名：Eclipta thermalis

道路の側溝、田んぼの畦などで見かける。在来種。帰化植物のアメリカタカサブロウ（下欄）の勢いが強く、水田周辺でいつの間にか入れ替わられていることがある。小さな美しい花を咲かせ、花後には果実がびっしりとつく。果実は冠毛がなく、黒く熟すと落ちて水に流されてふえる。本種が水のあるところに生えるのはこのため。

| | |
|---|---|
| 分　類 | 1年草 |
| 草　丈 | 20～60cm |
| 花　期 | 7～9月 |
| 分　布 | 本州～沖縄 |
| 生育地 | 湿地、水田や畦 |
| 別　名 | モトタカサブロウ |

1月 2月 3月 4月 5月 6月 7月 8月 9月 10月 11月 12月

田の畦などの湿ったところに生え、白い花を開く

## アメリカタカサブロウ

【亜米利加高三郎】

●科　名：キク科タカサブロウ属
●花　色：○白色
●学　名：Eclipta alba

熱帯アメリカ原産で、戦後帰化したのだろうといわれる外来種。タカサブロウ（上欄）と同じように水田の雑草だが、比較的乾燥にも耐えるので、道端や畑でもよく見る。以前はタカサブロウと区別されなかったが、種子の周りに翼がないこと、葉が細く鋸歯（きょし）がはっきりしていることなどから、近年別種として区別されるようになった。

| | |
|---|---|
| 分　類 | 1年草 |
| 草　丈 | 20～70cm |
| 花　期 | 8～10月 |
| 分　布 | 本州（関東以西）～沖縄（帰化植物） |
| 生育地 | 道端、湿地、水田や畦、荒れ地 |
| 別　名 | |

1月 2月 3月 4月 5月 6月 7月 8月 9月 10月 11月 12月

タカサブロウに似た外来種で、畑でも見かける

# オヘビイチゴ

**【雄蛇苺】**

◉科　名：バラ科キジムシロ属
◉花　色：黄色
◉学　名：Potentilla kleiniana

夏

湿地

田んぼの畦、草地、道端などのやや湿った場所で見かける。花がヘビイチゴ(P.46)に似ていて、ヘビイチゴよりも大形で毛が多いことが名の由来。しかし、本種はヘビイチゴの仲間（ドゥケスネア属）ではないので、実がイチゴのような形にはならない。本種の特徴は葉が5枚の小葉（しょうよう）からなる掌状複葉をつけることである。

| 分　類 | 多年草 |
| --- | --- |
| 草　丈 | 20～40cm |
| 花　期 | 5～6月 |
| 分　布 | 本州～九州 |
| 生育地 | 田畑の畦、休耕田、林縁、水路、川辺 |
| 別　名 | |

湿ったところを好み、花期には田の畦などを黄色に染める

## 観察のポイント！

実。花の後に、花がついていた花床がふくらまないので、イチゴ形の実にならない

春の姿

小葉が5枚つく掌状複葉

花は直径約8㎜と小さい

1月
2月
3月
4月
5月
6月
7月
8月
9月
10月
11月
12月

夏

湿地

# ハンゲショウ

**【半夏生、半化粧】**

◉科　名：ドクダミ科ハンゲショウ属
◉花　色：○白色
◉学　名：Saururus chinensis

池や沼などの水辺や湿地で見かける。夏至から11日目に当たる半夏生（はんげしょう）（7月2日ごろ）に花が咲くのが名の由来。葉の半分が白くなるので半化粧（はんげしょう）とも書く。片白草（かたしろぐさ）の別名もある。花が咲く時期に葉の色が白くなるのは、葉緑体がなくなるからだが、葉を白くして地味な花の代わりに昆虫を呼びよせるためでもある。

| | |
|---|---|
| 分　類 | 多年草 |
| 草　丈 | 60～100cm |
| 花　期 | 6～8月 |
| 分　布 | 本州～沖縄 |
| 生育地 | 水辺、湿地、沼沢地 |
| 別　名 | カタシログサ |

水辺や湿地に生え、7月初旬の頃に白い葉が目立ってくる

**観察のポイント!**

開花のころ、上部の2、3枚の葉が白くなる。垂れている花穂は開くにつれて立ち上がる

春、水辺に生える

葉は長卵形

花は雄しべと雌しべだけ

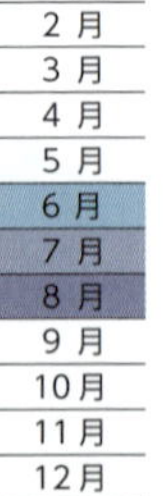

# ミソハギ

【禊萩】

水辺、田んぼの畦、湿地、池や小川のほとりなどで群生しているのを見かける。庭にも植えられているのを見かける。古くから、お盆の仏壇などに飾るので、盆花(ぼんばな)や精霊花(しょうろうばな)とも呼ばれている。枝の上部の葉の腋に、紅紫色(こうししょく)の小さな花が固まってつき、やや穂状に咲いていく。全体に無毛で、茎は四角ばっているのが特徴。

| 分類 | 多年草 |
|---|---|
| 草丈 | 60～90cm |
| 花期 | 6～9月 |
| 分布 | 北海道～九州 |
| 生育地 | 湿地、田の畦 |
| 別名 | ボンバナ |

◉科　名：ミソハギ科ミソハギ属
◉花　色：●紅紫色
◉学　名：Lythrum anceps

夏

湿地

旧暦の盆のころに咲き、古くから盆花とされる

1月 2月 3月 4月 5月 6月 7月 8月 9月 10月 11月 12月

---

# エゾミソハギ

【蝦夷禊萩】

エゾの名がついているが、日本全土で見られ、庭でも栽培される。ミソハギ(上欄)より全体に大きく、花つきがよいのが特徴。茎や葉、萼に短毛が生えていて、葉の基部が茎を抱き、萼片の突起が上を向いて直立するところもミソハギと異なる点。葉の腋に花が数個ずつつくが、その花がやや大きめなので、穂状に咲いているように見える。

| 分類 | 多年草 |
|---|---|
| 草丈 | 50～150cm |
| 花期 | 7～8月 |
| 分布 | 北海道～九州 |
| 生育地 | 山野の湿地 |
| 別名 | ボンバナ |

◉科　名：ミソハギ科ミソハギ属
◉花　色：●紅紫色
◉学　名：Lythrum salicaria

ミソハギより花が大形で、花つきがよい

1月 2月 3月 4月 5月 6月 7月 8月 9月 10月 11月 12月

湿地

# キショウブ 毒草

**【黄菖蒲】**

◉科　名：アヤメ科アヤメ属
◉花　色：黄色
◉学　名：Iris pseudacorus

池や川などの水辺や花壇などで見かける。西アジア～ヨーロッパ原産。1897年頃に観賞用に輸入され、各地で栽培されていたが、いつのまにか逃げ出して野生化した。繁殖力が強く、今では外来生物法で要注意種に指定されている。葉の中央脈が目立つのが特徴の1つ。枝分かれする花茎の先に鮮黄色の花を2～3個ずつつける。

| 分　類 | 多年草 |
|---|---|
| 草　丈 | 60～100cm |
| 花　期 | 5～6月 |
| 分　布 | 日本全土(帰化植物) |
| 生育地 | 湿地、池や小川の岸、溝 |
| 別　名 | |

帰化植物だが、自生しているかのように水辺や湿地になじんでいる

## 観察のポイント!

外花被片3枚は大形で先が垂れ下がり、基部に褐色の細い線の模様がある。1日でしぼむ

花茎は50～100㎝になる

剣状の葉は中脈が目立つ

群生の様子

夏

湿地

## オオチドメ
【大血止】

◉科　名：セリ科チドメグサ属
◉花　色：淡緑白色
◉学　名：Hydrocotyle ramiflora

葉を止血に利用したチドメグサ(P.124)に似て、それより大形なので名づけられた。細い茎が節から枝を出し、長く地面を這い、先端や枝が立ち上がる。葉は長い葉柄をもち、直径1.5～3㎝の腎円形(じんえんけい)で、掌状に浅く5～7裂する。葉の腋から出る柄に、淡緑白色の小さな花が球状に集まってつくが、柄が葉柄よりも長いので葉の上に出て咲く。

| 分　類 | 多年草 |
|---|---|
| 草　丈 | 10～15cm |
| 花　期 | 6～9月 |
| 分　布 | 北海道～九州 |
| 生育地 | 丘陵地や山地の草原、田の畦 |
| 別　名 | ヤマチドメ |

長い花茎を出し、腎円形の葉の上で花を開く

1月 2月 3月 4月 5月 6月 7月 8月 9月 10月 11月 12月

---

## ガマ
【蒲】

◉科　名：ガマ科ガマ属
◉花　色：黄褐色、緑褐色
◉学　名：Typha latifolia

池、沼、川岸などの水辺で見かける。本種のことは実は『古事記』に出ている。例の「因幡(いなば)の白ウサギ」の中で、皮をはがされ赤裸にされたウサギが、ガマの花粉で回復したという話が出てくるのだ。先端のソーセージのような物体はガマの穂で、雌花(めばな)の穂が熟したもの。晩秋、この穂がほぐれ、無数の種子が風に乗って飛び立っていく。

| 分　類 | 多年草 |
|---|---|
| 草　丈 | 150～200cm |
| 花　期 | 6～8月 |
| 分　布 | 北海道～九州 |
| 生育地 | 沼、池、川のふち、休耕田 |
| 別　名 | |

円柱形の茶色い果穂は「ガマの穂」と呼ばれる

1月 2月 3月 4月 5月 6月 7月 8月 9月 10月 11月 12月

湿地

# コガマ

【小蒲】

ガマ(P.185)に似るが全体に小形で、高さは1～1.5m。葉の幅もやや細めで約1㎝。雄花穂(ゆうかすい)のすぐ下に雌花穂(しかすい)がくっついているが、雄花穂は長さ3～9㎝、雌花穂は長さ6～10㎝と短く、ガマの約半分ほどしかない。ガマもコガマもあまり区別されず、一般にガマと呼んで、雄花(おばな)から出る黄色い花粉を採集して薬用などに利用される。

| 分類 | 多年草 |
|---|---|
| 草丈 | 100～150cm |
| 花期 | 6～8月 |
| 分布 | 北海道～九州 |
| 生育地 | 沼、池、川の縁、休耕田 |
| 別名 | |

1月 2月 3月 4月 5月 6月 7月 8月 9月 10月 11月 12月

●科　名：ガマ科ガマ属
●花　色：●黄褐色、●緑褐色
●学　名：Typha orientalis

ガマに似るが全体に小形で、雌花穂も短い

# ヒメガマ

【姫蒲】

ガマとコガマは見分けにくいが、ヒメガマは、雄花穂(ゆうかすい)と下につく雌花穂(しかすい)の間が2～8㎝ほど離れていて、花のつかない軸だけの隙間があるのが特徴で、ほかのガマと区別しやすい。葉はガマより細く、幅は5～10㎜、雄花穂の長さは10～30㎝と長い。細くて赤茶色の雌花穂は6～20㎝。穂状に多数の花がつくが、花には花弁も萼片もない。

| 分類 | 多年草 |
|---|---|
| 草丈 | 150～200cm |
| 花期 | 6～8月 |
| 分布 | 日本全土 |
| 生育地 | 沼、池、川の縁、休耕田 |
| 別名 | |

1月 2月 3月 4月 5月 6月 7月 8月 9月 10月 11月 12月

●科　名：ガマ科ガマ属
●花　色：●黄褐色、●緑褐色
●学　名：Typha domingensis

上の雄花穂と下の雌花穂が離れてつくのが特徴

# ネコノシタ

**【猫の舌】**

照葉樹(しょうようじゅ)(常緑広葉樹で葉の表面の照りが強い樹木）が多い砂浜で見かける。葉に毛が生えていて、まるで猫の舌のようにざらつくのが名前の由来。砂浜の乾燥や紫外線などに耐えるために葉が厚い。つる状の茎は、重なり合うようにして砂地を覆い、茎の節々から根を下ろして体を支える。枝の先に、黄色い花が１つずつ上向きに開く。

◉科　名：キク科ハマグルマ属
◉花　色：黄色
◉学　名：Wedelia prostrata

夏

海辺の町

| 分類 | 多年草 |
|---|---|
| 草丈 | 10～60cm |
| 花期 | 7～10月 |
| 分布 | 本州(関東・北陸以西)～沖縄 |
| 生育地 | 海岸 |
| 別名 | ハマグルマ |

## 観察のポイント！

花は茎の先に1つ開く。8枚内外の舌状花が中心の筒状花を囲んで1列に並ぶ

黄色い花を多数つけて、夏の海岸の砂浜を覆うように広がる

葉は剛毛がありざらつく

茎は長く地を這う

群生する様子

1月
2月
3月
4月
5月
6月
7月
8月
9月
10月
11月
12月

海辺の町

# ハマアザミ

【浜薊】

◉科　名：キク科アザミ属
◉花　色：●紅紫色
◉学　名：Cirsium maritimum

アザミの仲間で、海岸の砂地に生えるのが名の由来。地中に伸びたゴボウのような根を食用にすることから、ハマゴボウとも呼ぶ。海岸の厳しい環境に耐えられるよう、厚く光沢のある濃緑色の葉をつける。羽状に深く裂けた根生葉（こんせいよう）は花時にもあり、茎葉（けいよう）は茎を抱かない。花は枝先に１つ上向きに咲き、花の下に苞葉（ほうよう）があるのが特徴。

| 分　類 | 多年草 |
|---|---|
| 草　丈 | 15～60cm |
| 花　期 | 7～11月 |
| 分　布 | 伊豆諸島、伊豆半島～九州 |
| 生育地 | 海岸の砂地 |
| 別　名 | ハマゴボウ |

**観察のポイント！**

直径6～7㎝の大きな花で、花色は紅紫色。花の下に数枚の葉状の苞があるのが特徴

いかにも海浜植物らしく、厚くて光沢のある葉をつけている

春の姿

羽状に深く裂けた葉

茎葉は茎を抱かない

## ハマベンケイソウ

**【浜弁慶草】**

◉科　名：ムラサキ科ハマベンケイソウ属
◉花　色：●青紫色
◉学　名：Mertensia maritima

海岸に生えていて、多肉質で葉の形もベンケイソウ科のベンケイソウに似ているのが名の由来。茎は倒れて、よく分枝して砂の上を這い、倒卵形または広卵形の葉を交互につける。根生葉や下部の葉は長い柄があり、茎も葉も青白色でよく目立つ。枝先に青紫色の鐘状の花が長い柄についてやや下向きに咲く。花冠の先は浅く５裂する。

| | |
|---|---|
| 分　類 | 多年草 |
| 草　丈 | 5～40cm |
| 花　期 | 7～8月 |
| 分　布 | 北海道、本州（日本海側、三陸） |
| 生育地 | 海岸の砂地、岩場 |
| 別　名 | |

全体が多肉質で、海岸の砂地を這って群生する

1月
2月
3月
4月
5月
6月
7月
8月
9月
10月
11月
12月

## ナミキソウ

**【浪来草、波来草】**

◉科　名：シソ科タツナミソウ属
◉花　色：●青紫色
◉学　名：Scutellaria strigillosa

海岸に生え、花が一方に向いてつく様子を、打ち寄せる波に見立ててこの名が付いた。細長い地下茎を伸ばして広がり、大きな株をつくることもある。高さは10～40㎝になり、先が丸い長楕円形の葉が互生し、茎にも葉にも軟毛がある。茎の上部の葉の腋に、長さ２㎝ほどの青紫色の唇形花が１つずつつき、同じ方向を向いて咲く。

| | |
|---|---|
| 分　類 | 多年草 |
| 草　丈 | 10～40cm |
| 花　期 | 6～9月 |
| 分　布 | 北海道～九州、日本全土 |
| 生育地 | 海岸の砂地 |
| 別　名 | |

唇形花は上唇に比べ、下唇が大きい

1月
2月
3月
4月
5月
6月
7月
8月
9月
10月
11月
12月

夏

海辺の町

# ハマオモト 毒草

【浜万年青】

◉科　名：ヒガンバナ科ハマオモト属
◉花　色：○白色
◉学　名：Crinum asiaticum

海岸の砂地、庭などで見かける。『万葉集』には別名の「浜木綿（はまゆう）」の名で登場する。常緑で光沢のある葉の形が、オモト（暖かい山地に自生、観葉植物として栽培）に似ているのが名の由来。花は夕方から咲きはじめ、夜中に満開になり、強い香りを放つ。種子は海流に乗って漂い、分布を広げている。花びらが強く反り返るのが特徴。

| | |
|---|---|
| 分類 | 多年草 |
| 草丈 | 40～80cm |
| 花期 | 7～9月 |
| 分布 | 本州（関東以西）～沖縄 |
| 生育地 | 海岸の砂地 |
| 別名 | ハマユウ |

真夏の夜に香りのよい花を多数開き、実が熟すと花茎が倒れる

**観察のポイント！**

花は白色で、6枚の細い花被片が強く反り返る。雌しべと雄しべ6本の上部は紫色を帯びる

葉は帯状で厚い

実は球形

群生する様子

1月
2月
3月
4月
5月
6月
7月
8月
9月
10月
11月
12月

# センダイハギ

【仙台萩】

◉科　名：マメ科センダイハギ属
◉花　色：黄色
◉学　名：Thermopsis lupinoides

夏

海辺の町

初夏〜夏、北国の海岸の砂地を黄色に染めて見事な景色をつくる。花は蝶形花で、北方に咲くハギに似た花ということから、仙台藩の伊達騒動を題材にした歌舞伎の『伽羅先代萩（めいぼくせんだいはぎ）』にちなんで名付けられといわれているが、花をつけた姿はハギよりルピナスに似ている。葉は3小葉からなる複葉。小葉は倒卵形で裏面に白い軟毛がある。

| 分　類 | 多年草 |
|---|---|
| 草　丈 | 40〜80cm |
| 花　期 | 5〜8月 |
| 分　布 | 北海道、本州(中部以北) |
| 生育地 | 海岸の砂地 |
| 別　名 | |

観察のポイント！

葉は3枚の小葉をつけた複葉で、葉柄の基部の托葉が大きいので、小葉のように見える

北国に多く、直立する茎に黄色い花をつけて海岸の砂地に群生する

蝶形花が互生する

花は下から咲く

群生する様子

夏

海辺の町

# ハマナタマメ

【浜鉈豆】

暖地の海岸の砂地に生えるつる性の植物で、茎は5m以上伸びる。葉は3枚の小葉からなる複葉。小葉は円形～広倒卵形で、長さ6～12cm、幅4～10cmと大きくて厚い。葉の腋(わき)に花序を出して2、3個の大きな蝶形花を開く。実も大きく、長さが5～10cmある。中に入っている種子が海水に浮き、海流によって運ばれてふえる。

| | |
|---|---|
| 分類 | 多年草 |
| 草丈 | 5～10m（つる性） |
| 花期 | 6～9月 |
| 分布 | 本州（関東地方以西）～沖縄 |
| 生育地 | 海岸の砂地 |
| 別名 | |

1月 2月 3月 4月 5月 6月 7月 8月 9月 10月 11月 12月

◉科　名：マメ科ナタマメ属
◉花　色：●淡紅紫色
◉学　名：Canavalia lineata

長い柄の先に長さ2.5～3cmの淡桃色の花を開く

# ハマハコベ

【浜繁樓】

海岸の砂地に生え、茎が細かく分枝し、地を這って群がり、よく広がる。枝は立ち上がって20～30cmの高さになり、やや多肉質で海浜植物らしい姿をしている。名は、海岸に生えるハコベ(P.54)の意味だが、ハコベの仲間ではない。対生する淡緑色の長楕円形の葉の腋に、葉よりも短い花柄を出し、白い小さな5弁花を星形に平らに開く。

| | |
|---|---|
| 分類 | 多年草 |
| 草丈 | 20～30cm |
| 花期 | 6～9月 |
| 分布 | 北海道、本州北部 |
| 生育地 | 海岸の砂地 |
| 別名 | |

1月 2月 3月 4月 5月 6月 7月 8月 9月 10月 11月 12月

◉科　名：ナデシコ科ハマハコベ属
◉花　色：○白色
◉学　名：Honckenya peploides

全体に多肉質の海浜植物らしい姿で広がる

# スカシユリ

**【透し百合】**

◉科　名：ユリ科ユリ属
◉花　色：●橙赤色
◉学　名：Lilium maculatum

海岸、岩場、崖などで見かける。名の「透(す)かし」は、花びらと花びらの間に隙間があって、向こう側が透けて見えるとの意で、これが名前の由来。岩場によく生えていることから岩戸百合(いわとゆり)とも。花は、上向きに咲くと雨水が花にたまるので、横向きか下向きに咲くのが多いが、本種が上向きなのは、花びらの隙間から雨水が落ちるから。

| | |
|---|---|
| 分　類 | 多年草 |
| 草　丈 | 20～60cm |
| 花　期 | 6～8月 |
| 分　布 | 本州中部以北 |
| 生育地 | 海岸の岩場や崖、草地 |
| 別　名 | イワトユリ |

茎の先に橙赤色の花が1～4個、上向きに咲く

1月
2月
3月
4月
5月
6月
7月
8月
9月
10月
11月
12月

# エゾスカシユリ

**【蝦夷透かし百合】**

◉科　名：ユリ科ユリ属
◉花　色：●橙赤色
◉学　名：Lilium pensylvanicum

北海道の海岸近くで見られ、群落をつくることで有名。スカシユリ（上欄）に似るがそれよりずっと大形で、高さは90㎝にもなる。茎に白い毛が多く、花柄やつぼみにも白い毛が密生する。葉は披針形で長さ10㎝ほど。茎の先に1～7個の大きな花が真上を向いて咲く。花は直径9～10㎝で、花被片(かひへん)の間に隙間があるのはスカシユリと同じ。

| | |
|---|---|
| 分　類 | 多年草 |
| 草　丈 | 20～90cm |
| 花　期 | 6～7月 |
| 分　布 | 北海道 |
| 生育地 | 海岸の岩場や崖、草地 |
| 別　名 | |

高さ90㎝ほどになる茎には白色毛が多い

1月
2月
3月
4月
5月
6月
7月
8月
9月
10月
11月
12月

# キリンソウ

**【麒麟草、黄輪草】**

- ◉科　名：ベンケイソウ科キリンソウ属
- ◉花　色：●濃黄色
- ◉学　名：Phedimus aizoon

名の由来については諸説あり、黄色の花が輪のよう咲くので「黄輪草」という説もある。多数の茎が群がって生え、下部は地面を這い、上部が斜上して20～50㎝の高さになる。多肉質の葉は長さ2～7㎝と大きく、上半部に鈍鋸歯(どんきょし)がある。茎の先に濃黄色の小さな花をびっしりとつける。花は先がするどく尖(とが)った花弁を5枚つけ、星形に開く。

| 分類 | 多年草 |
|---|---|
| 草丈 | 20～50cm |
| 花期 | 6～8月 |
| 分布 | 北海道～九州 |
| 生育地 | 海岸、崖、山地、林縁 |
| 別名 | タマノオ |

濃黄色の美しい花をびっしりと咲かせるので、栽培もされている

### 観察のポイント！

花は先が尖った花弁が5枚あり、雄しべが突き出る。中央から咲き始め、輪になって咲く

冬の姿

肉厚の葉が重なるようにつく

花茎が多数出る

# グンバイヒルガオ

【軍配昼顔】

◉科　名：ヒルガオ科サツマイモ属
◉花　色：●紅紫色
◉学　名：Ipomoea pes-caprae

夏

海岸の砂地に生え、茎は長く砂の上を這い、砂が見えなくなるほど密に広がる。先がくぼんだ軍配形の葉をつけ、ヒルガオに似た花を開くのが名の由来だが、ヒルガオ類ではなくサツマイモの仲間。厚くて光沢がある葉は、左右から二つ折りになる。葉の腋(わき)に、紅紫色の漏斗形(ろうとけい)の花を1～5個開く。丸い種子が海流に乗って運ばれる。

| 分　類 | 多年草 |
| --- | --- |
| 草　丈 | 10～20cm（つる性） |
| 花　期 | 4～8月 |
| 分　布 | 四国、九州、沖縄 |
| 生育地 | 海岸の砂地 |
| 別　名 | |

軍配に似た葉をつけた茎が長く砂地を這う

1月 2月 3月 4月 5月 6月 7月 8月 9月 10月 11月 12月

---

# ハマヒルガオ

【浜昼顔】

◉科　名：ヒルガオ科ヒルガオ属
◉花　色：●淡紅色
◉学　名：Calystegia soldanella

世界に広く分布する。海辺で見かける植物の代表種。名前は「海辺に生え、ヒルガオ（P.108）に似た花をつける」という意味。海岸の砂地という、乾燥する厳しい条件で生育するために、つやつやした厚い葉で水分の蒸発を防いでいる。花は朝から咲き、昼間も咲いていている。長い地下茎が砂の中を這って繁殖し、大群落をつくる。

| 分　類 | 多年草 |
| --- | --- |
| 草　丈 | 5～10cm（つる性） |
| 花　期 | 5～6月 |
| 分　布 | 日本全土 |
| 生育地 | 海岸の砂浜 |
| 別　名 | アオイカズラ |

砂浜に大群落をつくりヒルガオに似た花を開く

1月 2月 3月 4月 5月 6月 7月 8月 9月 10月 11月 12月

# イヨカズラ

【伊予葛】

●科　名：キョウチクトウ科カモメヅル属
●花　色：淡黄白色
●学　名：Vincetoxicum japonicum

海岸に近い草地などに生える。茎は立ち上がって直立し、30～80㎝の高さになり、茎の先の方はつる状に伸びる。厚くて光沢のある葉は長さ3～10㎝の楕円形で、対生し、葉の両面の脈の上に短毛が生えている。上部の葉の腋に、淡黄色の花径約8mmの小さな花を多数つける。花冠は深く5裂して平らに開き、花の中心に副花冠がある。

| | |
|---|---|
| 分　類 | 多年草 |
| 草　丈 | 30～80cm |
| 花　期 | 5～7月 |
| 分　布 | 本州～九州 |
| 生育地 | 海岸から沿海地の草地、岩場 |
| 別　名 | スズメノオゴケ |

1月 2月 3月 4月 5月 6月 7月 8月 9月 10月 11月 12月

海岸近くの草地に生え、淡黄白色の花をつける

# ケカモノハシ

【毛鴨の嘴】

●科　名：イネ科カモノハシ属
●花　色：黄褐色
●学　名：Ischaemum anthephoroides

海岸の砂地に生え、高さ30～80㎝。茎はやや太くて剛く、茎の節や葉の両面に白い毛が密生している。夏に、茎の先に長さ6～12㎝の円柱状の穂を出す。穂は白い長い毛がある2本の枝に分かれているが、密着しているため1つの穂のように見える。この2つの枝が合わさった花穂（かすい）をカモの嘴（くちばし）に見立て、全体に毛が多いのが名の由来。

| | |
|---|---|
| 分　類 | 多年草 |
| 草　丈 | 50～80cm |
| 花　期 | 7～9月 |
| 分　布 | 日本全土 |
| 生育地 | 河岸の砂地 |
| 別　名 | |

1月 2月 3月 4月 5月 6月 7月 8月 9月 10月 11月 12月

海岸の砂地に群生し長い芒（のぎ）がある小穂をつける

# 秋

秋

市街地

# リュウノウギク

【竜脳菊】

●科　名：キク科キク属
●花　色：○白色
●学　名：Chrysanthemum makinoi

道端、草むら、崖などで見かける。日本固有種。葉をちぎって軽く揉むと、防虫剤に使われている樟脳（しょうのう）の香りがするが、この樟脳の香りが熱帯アジアに分布する常緑高木・リュウノウジュの樹脂を加工した竜脳（りゅうのう）の香りに似ているのでこの名が付いた。民間では、本種の茎と葉を乾燥させて、肩こり・腰痛に効く浴湯剤として利用している。

| | |
|---|---|
| 分　類 | 多年草 |
| 草　丈 | 30～80cm |
| 花　期 | 10～11月 |
| 分　布 | 本州(福島県・新潟県以西)～九州 |
| 生育地 | 道端、草地、林縁 |
| 別　名 | |

日本特産種。斜面から垂れ下がるように生えているのを見かける

## 観察のポイント！

白色で直径2.5～5㎝の花が枝の先に1つ咲く。白い舌状花は淡紅色を帯びることもある

茎は細く毛が密生する

葉は3中裂し大きな鋸歯がある

葉裏は毛が密生して灰白色

1月
2月
3月
4月
5月
6月
7月
8月
9月
10月
11月
12月

# ヨメナ

【嫁菜】

◉科　名：キク科シオン属
◉花　色：淡紫色
◉学　名：Kalimeris yomena

やや湿った草地や道端、川沿い、田んぼの畦などで見かける。秋の野菊を代表する１種。野菊というと、キク属のリュウノウギク（左ページ）がもっとも有名だが、シオン属も野菊と呼ばれる。よく似ているノコンギク（P.238）との違いを見分けるポイントは果実の冠毛で、本種は冠毛の長さがきわめて短い（0.5㎜）がノコンギクは長い（5㎜）。

| 分　類 | 多年草 |
|---|---|
| 草　丈 | 50～120cm |
| 花　期 | 7～10月 |
| 分　布 | 本州（中部地方以西）～九州 |
| 生育地 | 湿った道端、田の畦 |
| 別　名 | |

万葉の頃より、春の若葉摘みで知られる

1月 2月 3月 4月 5月 6月 7月 8月 9月 10月 11月 12月

---

# カントウヨメナ

【関東嫁菜】

◉科　名：キク科シオン属
◉花　色：○白色、淡紫色
◉学　名：Aster yomena var. dentatus

関東地方以北の、田の畦や川べり、湿り気のある空き地、草地、道端などに生える秋の野菊の１つ。地下茎を横に伸ばし、新しい芽をつくってふえる。ヨメナ（上欄）より薄い葉は、長さ6～10㎝、披針形～卵状長楕円形で、縁に粗い鋸歯がある。高さ50～100㎝になる茎は上部で分枝し、枝先に直径約3㎝の淡青紫色の花を１つずつ開く。

| 分　類 | 多年草 |
|---|---|
| 草　丈 | 50～100cm |
| 花　期 | 7～10月 |
| 分　布 | 本州（関東地方以北） |
| 生育地 | 湿った道端、田の畦 |
| 別　名 | |

関東地方以北に分布し、ヨメナより葉が薄い

1月 2月 3月 4月 5月 6月 7月 8月 9月 10月 11月 12月

市街地

# ユウガギク
【柚香菊】

◉科　名：キク科シオン属
◉花　色：○白色、●淡青紫色
◉学　名：Aster iinumae

道端や農道沿いなどで見かける。名は、「ユズの香りがするキク」の意味だが、実際にはほとんど香りがしない。ただ、花をつぶすと、かすかにユズの香りがする。仲間のヨメナ(P.199)、カントウヨメナ(P.199)などとよく似ているので見分けが難しいが、本種の特徴は柄が長いことで、分枝した枝先に1つずつ頭花がついているため、花の数が多い。

| 分　類 | 多年草 |
|---|---|
| 草　丈 | 40～150cm |
| 花　期 | 7～10月 |
| 分　布 | 本州(近畿地方以北) |
| 生育地 | 道端、土手、草原 |
| 別　名 | |

羽状に切れ込む葉をつけ、ヨメナよりやや小さい頭花を多数つける

**観察のポイント！**

ヨメナに似るが、花の直径が約2.5cmと小さめ。舌状花は青紫色を帯びた白色で多数つく

実に冠毛がない

葉は深く切れ込む

地下茎を伸ばしてふえる

1月
2月
3月
4月
5月
6月
7月
8月
9月
10月
11月
12月

# キクイモ

【菊芋】

●科　名：キク科ヒマワリ属
●花　色：黄色
●学　名：Helianthus tuberosus

河川敷や空き地などでよく見かける。特筆すべきは塊茎（かいけい）のこと。本種の塊茎の成分はイヌリンという、人間に消化されない糖分のため、ダイエット食品として見直され、栽培もされている。ヒマワリを小さくしたような美しい花で、北アメリカ原産だが、17世紀初期にヨーロッパに導入され広く栽培されている。全体的に剛毛が生える。

| 分　類 | 多年草 |
|---|---|
| 草　丈 | 1.5～3m |
| 花　期 | 9～10月 |
| 分　布 | ほぼ日本全土（帰化植物） |
| 生育地 | 道端、空き地、荒れ地、河川敷 |
| 別　名 | |

地下にできる芋が食用に利用できる

1月 2月 3月 4月 5月 6月 7月 8月 9月 10月 11月 12月

# イヌキクイモ

【犬菊芋】

●科　名：キク科ヒマワリ属
●花　色：黄色
●学　名：Helianthus strumosus

名は、キクイモ（上欄）に似るが、芋（塊茎）が小さくて役に立たないという意味。北アメリカ原産で、荒れ地や河川敷、道端など、キクイモと同じようなところに混生している。7月にキクイモより黄色い花が早く咲き始め、イモは小さい紡錘形。キクイモとは草姿や葉、花など地上部での区別はつかないが、芋の形と、花期の違いで区別できる。

| 分　類 | 多年草 |
|---|---|
| 草　丈 | 1.5～3m |
| 花　期 | 7～8月 |
| 分　布 | ほぼ日本全土（帰化植物） |
| 生育地 | 道端、空き地、荒れ地、河川敷 |
| 別　名 | |

キクイモとそっくりだが、イモが小さい

1月 2月 3月 4月 5月 6月 7月 8月 9月 10月 11月 12月

秋

市街地

# ハキダメギク

【掃溜菊】

◉科　名：キク科コゴメギク属
◉花　色：○白色
◉学　名：Galinsoga quadriradiata

道端、空き地、公園、畑など、どこでも見かける雑草。名の「掃き溜め」はゴミ捨て場のこと。東京都世田谷区のゴミ捨て場の近くで“発見”されたので、植物学者・牧野富太郎が名付けた。一年中、先が３裂する５枚の白い舌状花を咲かせる。小さな種子をたくさんつくり驚異的に分布を広げている。葉や茎全体に軟毛がある。

| | |
|---|---|
| 分　類 | １年草 |
| 草　丈 | 10～60cm |
| 花　期 | 5～12月 |
| 分　布 | ほぼ日本全土（帰化植物） |
| 生育地 | 道端、空き地、畑 |
| 別　名 | |

1月 2月 3月 4月 5月 6月 7月 8月 9月 10月 11月 12月

霜に弱いが、暖地ではほぼ１年中見られる

---

# トキンソウ

【吐金草】

◉科　名：キク科トキンソウ属
◉花　色：●緑色または●褐色
◉学　名：Centipeda minima

庭先や畑の、日陰などの湿った場所で見かける。名は「金を吐き出す草」という意味。花後の熟した頭花をしごくと黄色の果実が吐き出されることから名付けられた。全体が淡緑色の小形の雑草で、茎は地表を這い、地面に張りつくように広がる。葉の腋（わき）についた頭花は小さくて気づかない。わずかな空間でも生え、種子をたくさん散布する。

| | |
|---|---|
| 分　類 | １年草 |
| 草　丈 | 5～20cm |
| 花　期 | 7～10月 |
| 分　布 | 日本全土 |
| 生育地 | 道端、庭、畑、田 |
| 別　名 | タネヒリグサ、ハナヒリグサ |

1月 2月 3月 4月 5月 6月 7月 8月 9月 10月 11月 12月

庭の隅や道端、畑などで見られる小さな雑草

# セイタカアワダチソウ

**【背高泡立草】**

◉科　名：キク科アキノキリンソウ属
◉花　色：●黄色
◉学　名：*Solidago altissima*

秋

市街地

北アメリカ原産の帰化植物。直立する茎は高さ200㎝以上になり、茎や葉に短毛があってざらつく。根からアレロパシーという、ほかの植物の生育を妨げる特殊な成分を出し、周りの植物を枯らしながら勢力を拡大し、河川敷や土手、荒れ地などで大群落をつくるが、ふえすぎると自家中毒を起こして消えるため、最近は数が減っている。

| | |
|---|---|
| 分　類 | 多年草 |
| 草　丈 | 80～250cm |
| 花　期 | 10～11月 |
| 分　布 | ほぼ日本全土(帰化植物) |
| 生育地 | 荒れ地、休耕田、土手、河原 |
| 別　名 | セイタカアキノキリンソウ |

道路や鉄道沿い、河川敷、休耕田などに群生して景色を一変させる

**観察のポイント！**

茎の上部に多数の枝を出し、枝の上側だけに花を密につける。花序全体は大きな円錐状になる

冬の姿。ロゼット

葉は長楕円形で互生

実は泡立つようにつく

1月
2月
3月
4月
5月
6月
7月
8月
9月
10月
11月
12月

市街地

# コセンダングサ

**【小栴檀草】**

◉科　名：キク科センダングサ属
◉花　色：●黄色
◉学　名：Bidens pilosa var. pilosa

空き地、河原、道端、埋立地、都市近郊の荒れ地などでふつうに見られるほど繁殖力が強く、外来生物法で要注意種。江戸時代に渡来した帰化植物だが、原産地ははっきりしていない。名前に「小」と付くが、草丈は100㎝をこえるものもある。果実に数本の鋭い棘があり、衣服などについてあちこちに運ばれて繁殖する。

| | |
|---|---|
| 分　類 | 1年草 |
| 草　丈 | 50～110cm |
| 花　期 | 9～11月 |
| 分　布 | 本州中部以西(帰化植物) |
| 生育地 | 道端、荒れ地、河川敷 |
| 別　名 | |

道端や空き地、畑の周りなどでふつうに見られ、群生もしている

**観察のポイント！**

黄色の頭花は舌状花がなく、両性の筒状花だけが集まっている。花の下に総苞片がある

葉は羽状に深く裂ける

初夏の姿

実。先に2～3本の棘がある

1月
2月
3月
4月
5月
6月
7月
8月
9月
10月
11月
12月

# シロノセンダングサ

**【白の栴檀草】**

◉科　名：キク科センダングサ属
◉花　色：舌状花は○白、筒状花は●黄色
◉学　名：Bidens pilosa var. minor

秋

市街地

世界の熱帯から温帯に広く分布し、幕末に渡来したといわれている。コセンダングサの変種で、コセンダングサは舌状花がないのに対し、白い舌状花をつけた頭花を、茎や枝の先に１つずつつける。舌状花は長さ５～７㎜で、４～７枚あるが、結実せず、中心の黄色い筒状花だけが実をつける。角ばった茎に、羽状に裂けた葉が対生する。

| | |
|---|---|
| 分　類 | １年草 |
| 草　丈 | 50～110cm |
| 花　期 | ９～11月 |
| 分　布 | 本州中部以西（帰化植物） |
| 生育地 | 道端、荒れ地、空き地 |
| 別　名 | シロバナセンダングサ、コシロノセンダングサ |

コセンダングサの変種で全体によく似ているが、白い花をつける

**観察のポイント！**

頭花に白い舌状花が４～７枚ついている。舌状花の長さは５～７㎜あり、よく目立つ

初夏の姿

葉は羽状に深く裂ける

先端が棘になっている実

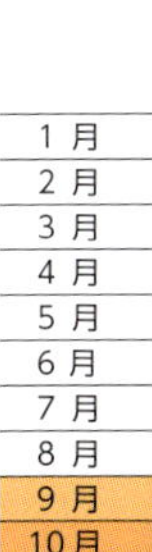

市街地

# アメリカセンダングサ

【亜米利加栴檀草】

●科　名：キク科センダングサ属
●花　色：●黄色
●学　名：Bidens frondosa

河川敷、道端、空き地などで見かける。北アメリカ原産で、大正時代に渡来した帰化植物。水田地帯にもはびこる害草で、今日では外来生物法で要注意種に指定されている。果実には2本の長い針状の冠毛がついていて、冠毛には下向きの棘がびっしりと生えている。この果実が衣服に付いたときに、なかなか取れないのはこのため。

| | |
|---|---|
| 分　類 | 1年草 |
| 草　丈 | 50～150cm |
| 花　期 | 9～10月 |
| 分　布 | 本州～沖縄(帰化植物) |
| 生育地 | 荒れ地、道端 |
| 別　名 | セイタカウコギ |

群生もして、センダングサの仲間では最もふつうによく見る

## 観察のポイント!

頭花はほとんど筒状花からなり、緑色で葉のように見える総苞片が大きく、よく目立つのが特徴

葉は長い柄をもち対生

角ばった茎は暗紫色

実の先端に2本の棘がある

# オオアレチノギク

【大荒地野菊】

◉科　名：キク科イズハハコ属
◉花　色：○白色、中央は●黄色
◉学　名：Conyza sumatrensis

道端、草地、空き地などでよく見かける大形の雑草。外来生物法の要注意種。南アメリカ原産の帰化植物。大航海時代に世界各地に広まり、日本では1920年に東京で見つかった。アレチノギク（下欄）の名前の由来が、「荒地でも平気で生育するキク」で、そのアレチノギクより大きいのでこの名前に。頭花は開花してもつぼみのように見える。

| | |
|---|---|
| 分　類 | 2年草 |
| 草　丈 | 100～200cm |
| 花　期 | 8～10月 |
| 分　布 | 本州～九州（帰化植物） |
| 生育地 | 道端、荒れ地、休耕地、草地 |
| 別　名 | |

大形の雑草で、荒れ地の主役のような存在

1月 2月 3月 4月 5月 6月 7月 8月 9月 10月 11月 12月

# アレチノギク

【荒地野菊】

◉科　名：キク科イズハハコ属
◉花　色：○白色、中央は●黄色
◉学　名：Conyza bonariensis

道端、空き地、街路樹の下などで見かける。南アメリカ原産で明治中ごろに渡来したが、後から渡来したオオアレチノギク（上欄）に押されて、最近では数が減っている。全体に毛が多く灰緑色に見える。主枝よりも横から出る枝が高くなる。オオアレチノギクは秋に花を咲かせるが、本種は春から花を咲かせる。舌状花は小さくて目立たない。

| | |
|---|---|
| 分　類 | 1～2年草 |
| 草　丈 | 10～50cm |
| 花　期 | 5～11月 |
| 分　布 | 北海道～九州（帰化植物） |
| 生育地 | 道端、荒れ地、休耕地、草地 |
| 別　名 | |

頭花はオオアレチノギクよりやや大きい

1月 2月 3月 4月 5月 6月 7月 8月 9月 10月 11月 12月

市街地

# ヒメムカシヨモギ
【姫昔蓬】

●科　名：キク科ムカシヨモギ属
●花　色：○白色、中央は●黄色
●学　名：Erigeron canadensis

道端、草地、空き地などでよく見かける。オオアレチノギク (P.207) と共存していることが多い。北アメリカ原産の帰化植物で、明治維新のころに渡来し、鉄道に沿って広がっていったことから鉄道草、御維新草などと呼ばれた。冬にロゼットを広げてエネルギーを蓄え、春に急速に成長して空き地などを占拠していく。寒さに強く全国に分布している。

| | |
|---|---|
| 分　類 | 2年草 |
| 草　丈 | 80～180cm |
| 花　期 | 8～10月 |
| 分　布 | ほぼ全国(帰化植物) |
| 生育地 | 荒れ地、空き地、道端 |
| 別　名 | テツドウグサ、ゴイッシングサ |

茎の上部に小さな頭花を円錐状に多数つける

## 観察のポイント!

オオアレチノギクに似るが、直径3㎜程度の頭花の小さな白い舌状花は、外から見える

冬の姿。ロゼット

初夏の姿

実は淡褐色の冠毛をつける

# ヨモギ

【蓬】

◉科　名：キク科ヨモギ属
◉花　色：●淡褐色
◉学　名：*Artemisia princeps*

秋

市街地

草地、道端、田んぼの畦などで見かける。葉に特有の香りがあり、モチグサと呼んで早春に若葉を摘んで草餅に入れる。また、葉裏の綿毛は灸に用いる艾(もぐさ)に使われる。キク科には虫媒花が多いが、ヨモギは風媒花で、風によって花粉が運ばれる。ヨモギの花が目立たないのは、虫媒花のように昆虫をおびき寄せる必要がないから。

| | |
|---|---|
| 分　類 | 多年草 |
| 草　丈 | 50～120cm |
| 花　期 | 9～10月 |
| 分　布 | 本州～九州 |
| 生育地 | 草地、野原、土手、道端 |
| 別　名 | モチグサ、カズサヨモギ |

草餅に利用するのでモチグサとも呼ばれ、よく知られた身近な野草

**観察のポイント!**

早春の若葉はロゼット状。白い綿毛に覆われ全体が銀色に見える。食用として摘み草される

**草餅：**茹でた若葉を水にさらして細かく刻み、蒸した上新粉に混ぜ込む

羽状に深裂した葉の裏面は灰白色

下向きに多数ついたつぼみ

小さい花は筒状花のみ

1月
2月
3月
4月
5月
6月
7月
8月
9月
10月
11月
12月

# ブタクサ 毒草

【豚草】

●科　名：キク科ブタクサ属
●花　色：黄色（雄花の葯の色）
●学　名：Ambrosia artemisiifolia

道端、空き地、河原などで見かける。名前は、英名の「ホッグウィード：豚の餌の草」を直訳したもの。明治初期に渡来し、昭和になってから急速に全国に広がり、各地で繁茂している。花粉症の原因植物とされているので、嫌われている。直立した花穂の上部に多数の雄花をつけて花粉を飛ばす。雌花は花穂の下部に２～３個つく。

| | |
|---|---|
| 分　類 | １年草 |
| 草　丈 | 100～250cm |
| 花　期 | ７～10月 |
| 分　布 | ほぼ日本全土（帰化植物） |
| 生育地 | 道端、空き地、荒れ地、河川敷 |
| 別　名 | |

１月 ２月 ３月 ４月 ５月 ６月 ７月 ８月 ９月 10月 11月 12月

細かく切れ込む軟らかな葉をつける

# オオブタクサ

【大豚草】

●科　名：キク科ブタクサ属
●花　色：黄色（雄花の葯の色）
●学　名：Ambrosia trifida

河原や空き地などで見かける。北アメリカ原産。1952年に静岡県で最初に見つかり、今では全国に広がっている。ブタクサ同様、外来生物法で要注意種。花粉症の原因になる。ブタクサよりも花期が少し遅い。背丈が３ｍにもなる超大形の雑草。雄花は穂状に多数つき、この高さから花粉を飛ばす害草である。葉の形から別名クワモドキとも。

| | |
|---|---|
| 分　類 | １年草 |
| 草　丈 | 100～300cm |
| 花　期 | ８～９月 |
| 分　布 | 日本全土（帰化植物） |
| 生育地 | 道端、空き地、荒れ地、河川敷 |
| 別　名 | クワモドキ |

１月 ２月 ３月 ４月 ５月 ６月 ７月 ８月 ９月 10月 11月 12月

ブタクサより大形。人の背丈よりずっと大きい

# オオオナモミ
【大雄なもみ】

◉科　名：キク科オナモミ属
◉花　色：●黄緑色
◉学　名：Xanthium orientale subsp. orientale

北アメリカ原産の帰化植物。1929年に岡山県で初めて見つかったが、現在ではオナモミ(P.212)より多く見る。紫褐色を帯びる茎は高さ50～200㎝になり、オナモミより大形。葉は長い柄をもつ広卵形で、3～5裂してざらざらする。茎や枝の先に黄緑色の雄花と雌花が穂状につき、花後、果苞と呼ばれる棘が密生した楕円形の実をつける。

| 分　類 | 1年草 |
|---|---|
| 草　丈 | 50～200cm |
| 花　期 | 8～10月 |
| 分　布 | ほぼ日本全土(帰化植物) |
| 生育地 | 道端、畑、荒れ地、空き地、河川敷、土手 |
| 別　名 | |

棘のある実が衣服について遠くまで運ばれる

1月 2月 3月 4月 5月 6月 7月 8月 9月 10月 11月 12月

---

# イガオナモミ
【いが雄なもみ】

◉科　名：キク科オナモミ属
◉花　色：●黄緑色
◉学　名：Xanthium orientale subsp. italicum

原産地不明の帰化植物で、荒れ地、草地、空き地などに生育している。茎は分枝して高さ40～120㎝になる。ふつう淡緑色で黒紫色の斑点があり、ざらざらする。浅く3裂する卵形の葉はやや厚くてざらつく。夏から秋に枝先に雄花と雌花が穂状につく。果苞は長さ2～3㎝と大きく、長い棘が密生し、棘に鱗片状の毛があるのが特徴。

| 分　類 | 1年草 |
|---|---|
| 草　丈 | 40～120cm |
| 花　期 | 7～10月 |
| 分　布 | 北海道～九州(帰化植物) |
| 生育地 | 道端、畑、荒れ地、空き地、河川敷、土手 |
| 別　名 | |

オオオナモミより実が大きく、空き地に生える

1月 2月 3月 4月 5月 6月 7月 8月 9月 10月 11月 12月

市街地

## オナモミ

【雄なもみ】

●科　名：キク科オナモミ属
●花　色：●黄緑色
●学　名：Xanthium strumarium subsp. sibiricum

溜め池などの湿った場所や道端、空き地などで見かける。かつては、実が衣服にくっつくので子どもたちが衣服に付けあって遊んだ。全体にがっしりしているので、メナモミ（下欄）に対してこの名前が付けられた。本種は風媒花で、夏から秋にかけ、黄緑色の目立たない花を咲かせる。最近は、オオオナモミに押されて数が減少した。

| | |
|---|---|
| 分　類 | 1年草 |
| 草　丈 | 20～100cm |
| 花　期 | 8～10月 |
| 分　布 | 日本全土 |
| 生育地 | 道端、荒れ地 |
| 別　名 | |

1月 2月 3月 4月 5月 6月 7月 8月 9月 10月 11月 12月

細かな毛が多い実が、ややまばらにつく

## メナモミ

【雌なもみ】

●科　名：キク科メナモミ属
●花　色：●黄色
●学　名：Siegesbeckia pubescens

畑や道路沿いでよく見かける。コメナモミ（P.213）によく似ているが、本種には茎にも葉にも長い毛が生えていてビロードのような手触りなので見分けられる。名前は、オナモミに比べてやさしい姿なので、「雌（め）」ナモミと名付けられた。「なもみ」は、離れずにくっつくという意味の「なずむ」が転じた、という説がある。総苞片が粘るのが特徴。

| | |
|---|---|
| 分　類 | 1年草 |
| 草　丈 | 60～120cm |
| 花　期 | 9～10月 |
| 分　布 | 北海道～九州 |
| 生育地 | 道端、荒れ地、林縁 |
| 別　名 | |

1月 2月 3月 4月 5月 6月 7月 8月 9月 10月 11月 12月

総苞片が大きく開いて、小さな頭花を飾る

# コメナモミ

【小雌なもみ】

◉科　名：キク科メナモミ属
◉花　色：黄色
◉学　名：Sigesbeckia glabrescens

荒れ地や道端などに生えている。茎は紫褐色を帯び、直立して高さ30～100㎝になる。メナモミ（左ページ）より全体に小さく、ほっそりしている。茎や葉に毛がまばらに生えているが、ぴったり張り付いて寝ている伏毛（ふくもう）なので無毛のように見える。葉はメナモミに似ているがそれより小さく、長さ10㎝内外。黄色の頭花を開き、花柄に腺毛がない。

| 分類 | 1年草 |
|---|---|
| 草丈 | 30～100cm |
| 花期 | 9～10月 |
| 分布 | 日本全土 |
| 生育地 | 道端、荒れ地、畑、草地 |
| 別名 | |

メナモミより全体に小形で、花も小さい

1月 2月 3月 4月 5月 6月 7月 8月 9月 10月 11月 12月

# キツネノマゴ

毒草

【狐の孫】

◉科　名：キツネノマゴ科キツネノマゴ属
◉花　色：淡紅紫色、白色
◉学　名：Justicia procumbens. var procumbens

道端の草むら、空き地、草地などの日の当たる場所で見かける。名の由来は、花穂（かすい）がキツネの尻尾をイメージさせ、花があまりにも小さいので「マゴ（孫）」を付けたのではと言われているが不明。沖縄ではなんとキツネノヒマゴが分布している。果実は朔果（さくか）（乾燥して裂けて種子を放出する果実）で、熟すとパチンと音がして種子を弾き飛ばす。

| 分類 | 1年草 |
|---|---|
| 草丈 | 10～40cm |
| 花期 | 8～10月 |
| 分布 | 本州～九州 |
| 生育地 | 道端、野原、田畑の畦、土手 |
| 別名 | |

道端などでふつうに見られ、穂状に花がつく

1月 2月 3月 4月 5月 6月 7月 8月 9月 10月 11月 12月

秋

市街地

# センナリホオズキ

【千成酸漿】

◉科　名：ナス科ホオズキ属
◉花　色：◯淡黄色
◉学　名：Physalis angulata

道端、空き地、畑地などで見かける。熱帯アメリカ原産の帰化植物。淡黄色の花が下向きにつく。かつては、東京・浅草寺のホオズキ市で売られていたが、果実が赤いホオズキのほうが人気（本種は黄金色）で、今では見かけない。名前は実がホオズキ形で、たくさんの実をつける（センナリ）ことから。果実は民間薬の解熱剤として利用された。

| | |
|---|---|
| 分　類 | 1年草 |
| 草　丈 | 20～50cm |
| 花　期 | 8～10月 |
| 分　布 | 北海道を除く各地（帰化植物） |
| 生育地 | 畑、空き地、道端 |
| 別　名 | |

1月
2月
3月
4月
5月
6月
7月
8月
9月
10月
11月
12月

淡黄色の鐘形花が葉液に下向きに1つつく

# ネナシカズラ

【根無葛】

◉科　名：ヒルガオ科ネナシカズラ属
◉花　色：◯白色
◉学　名：Cuscuta japonica

道端の藪（やぶ）、河川敷、草地などで見かける。寄生植物で、ヨモギ、ススキなどの草や、ハマゴウやエノキなどの樹木に巻き付く。近年は蔓（つる）が黄色のアメリカネナシカズラがはびこり、要注意外来種になっている。芽を出したときは根があるが、ほかの植物に巻きつくと根がなくなる。蔓性の茎から寄生根を出して養分や水を吸収して生長する。

| | |
|---|---|
| 分　類 | 1年草 |
| 草　丈 | つる性（90cm以上） |
| 花　期 | 8～10月 |
| 分　布 | 日本全土 |
| 生育地 | 丘陵地、林縁、野原、河原 |
| 別　名 | |

1月
2月
3月
4月
5月
6月
7月
8月
9月
10月
11月
12月

寄生植物。ほかの植物に絡まって養分を吸う

# ニシキソウ 毒草

【錦草】

●科　名：トウダイグサ科ニシキソウ属
●花　色：●淡紅紫色
●学　名：Chamaesyce humifusa

秋

市街地

在来種だが、コニシキソウ（P.216）より数が少ない。名は、葉の渋い緑と茎の赤いコントラストの美しさを錦に例えたもの。細い茎は赤みを帯び、根際から分枝して地面を這い、切ると白い汁が出る。長楕円形の葉は長さ4～10㎝で対生し、表面に斑紋がない。葉の腋に小さな杯状花序をつける。小さな壺状の総苞の中に雄花と雌花が集まっている。

| 分　類 | 1年草 |
|---|---|
| 草　丈 | 10～25cm |
| 花　期 | 7～11月 |
| 分　布 | 本州～九州 |
| 生育地 | 道端、空き地、荒れ地、畑、庭 |
| 別　名 | |

分枝して地面を這う、赤い茎に緑色の葉のコントラストが特徴的

**観察のポイント！**

枝分かれした赤い茎の先に、この仲間特有の杯状花序（P.40・トウダイグサ参照）をつける

茎はほとんど無毛

葉の表面に斑紋がない

花期に茎が立ち上がる

秋

市街地

## コニシキソウ 毒草

【小錦草】

道端、畑地、庭の隅、公園などで見かける。北アメリカ原産の帰化植物。明治中期以降に渡来したといわれ、今では、在来種のニシキソウ(P.215)より繁殖し、市街地でよく見かける。地面を這うように広がる。葉には赤茶色の斑(ふ)があり、よく目立つ。ニシキソウには葉の斑が目立たないものもある。暖地では10月以降も花が咲いている。

| | |
|---|---|
| 分　類 | 1年草 |
| 草　丈 | 10～25cm |
| 花　期 | 6～9月 |
| 分　布 | 日本全土(帰化植物) |
| 生育地 | 道端、空き地、荒れ地、畑、庭 |
| 別　名 | |

1月 2月 3月 4月 5月 6月 7月 8月 9月 10月 11月 12月

◉科　名：トウダイグサ科ニシキソウ属
◉花　色：●紅紫色
◉学　名：Chamaesyce maculata

庭の隅でも見られ、茎を切ると白い汁が出る

## オオニシキソウ

【大錦草】

道端や畑の縁などで見かける。北アメリカ原産で、明治後期に渡来した帰化植物。コニシキソウ(上欄)に似るが、大形なのでこの名になった。コニシキソウの茎は地面を這って広がるが、本種の茎は這わずに立ち上がり、20～40㎝の高さになる。葉は斑(ふ)がないものが多く、花びらのように見えるのは、腋(わき)につく杯状花序を囲む腺体の付属物である。

| | |
|---|---|
| 分　類 | 1年草 |
| 草　丈 | 20～40cm |
| 花　期 | 6～10月 |
| 分　布 | 本州中部地方以西(帰化植物) |
| 生育地 | 道端、空き地、荒れ地、畑、庭 |
| 別　名 | |

1月 2月 3月 4月 5月 6月 7月 8月 9月 10月 11月 12月

◉科　名：トウダイグサ科ニシキソウ属
◉花　色：●紅紫色
◉学　名：Chamaesyce nutans

茎は淡紅色。直立または斜上して立ち上がる

## ザクロソウ

**【柘榴草】**

◉科　名：ザクロソウ科ザクロソウ属
◉花　色：黄緑色
◉学　名：Mollugo stricta

道端や庭、畑で見かける雑草。光沢のある葉が果樹のザクロの葉に似ているのが名の由来。葉の付け根から細い柄を伸ばして、小さな白い花を次々開く。花は午前中だけ咲き、直径2㎜ほどの丸い実をつける。実は熟すと3裂して光沢のある褐色の種子を出す。花弁のような5枚の萼片は果実時にも残って、実の下半分を包んでいる。

| 分類 | 1年草 |
|---|---|
| 草丈 | 10～25cm |
| 花期 | 7～10月 |
| 分布 | 本州～沖縄 |
| 生育地 | 庭、畑、道端、荒れ地 |
| 別名 | |

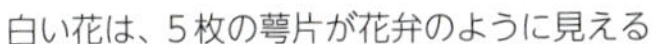
白い花は、5枚の萼片が花弁のように見える

1月
2月
3月
4月
5月
6月
7月
8月
9月
10月
11月
12月

## クルマバザクロソウ

**【車葉柘榴草】**

◉科　名：ザクロソウ科ザクロソウ属
◉花　色：白緑色
◉学　名：Mollugo verticillata

熱帯アメリカ原産の帰化植物で、荒れ地、畑、空き地などの、直射日光が当たるような場所に生育している。細い茎が二股に分枝して四方に広がり、倒披針状線形の葉が各節に4～7枚ずつ輪生して、車の車輪を連想させる姿になる。葉に光沢はない。葉の腋に、小さな緑白色の花が数個ずつ開くが、花弁のように見えるのは5枚の萼片。

| 分類 | 1年草 |
|---|---|
| 草丈 | 10～25cm |
| 花期 | 7～10月 |
| 分布 | 日本全土(帰化植物) |
| 生育地 | 庭、畑、道端、荒れ地 |
| 別名 | |

葉が節から放射状に出て車輪を思わせる

1月
2月
3月
4月
5月
6月
7月
8月
9月
10月
11月
12月

秋

市街地

# ヌスビトハギ

【盗人萩】

◉科　名：マメ科ヌスビトハギ属
◉花　色：淡紅色
◉学　名：Desmodium oxyphyllum

道端、草地、林縁などで見かける。半月形の豆果の形を盗人の忍び足の足跡に見立て、知らぬ間に豆果が衣服にくっついていることからこの名がつけられた。豆果は種子と種子の間が分かれて2節にくびれ、表面にカギ状の短い毛があり、衣服などによくくっつく。長さ4㎜ほどの淡紅色の蝶形花が、長く伸びた花序にまばらにつく。

| 分　類 | 多年草 |
|---|---|
| 草　丈 | 60～120cm |
| 花　期 | 7～9月 |
| 分　布 | 日本全土 |
| 生育地 | 日陰の藪、草地、林縁 |
| 別　名 | |

1月 2月 3月 4月 5月 6月 7月 8月 9月 10月 11月 12月

果実は2節にくびれる。小節果は半月形

# アレチヌスビトハギ

【荒地盗人萩】

◉科　名：マメ科ヌスビトハギ属
◉花　色：青紫色
◉学　名：Desmodium paniculatum

北アメリカ原産の帰化植物で、荒れ地や空き地、道端などに生えている。高さ1ｍほどになる茎には毛が密生し、3枚の小葉からなる葉が互生する。小葉は披針状卵形で長さ5～8㎝、両面に伏毛（ふくもう）が密生している。青紫色の蝶形花は長さ7～8㎜あり、ヌスビトハギ（上欄）よりやや大きく円錐状に多数咲く。実は3～6節に数珠状にくびれる。

| 分　類 | 多年草 |
|---|---|
| 草　丈 | 50～100cm |
| 花　期 | 7～9月 |
| 分　布 | 日本全土（帰化植物） |
| 生育地 | 道端、荒れ地 |
| 別　名 | |

1月 2月 3月 4月 5月 6月 7月 8月 9月 10月 11月 12月

花は夕方にしぼみ、実は3～6節にくびれる

## イヌホオズキ 毒草

【犬酸漿】

◉科　名：ナス科ナス属
◉花　色：○白色
◉学　名：Solanum nigrum

古い時代に帰化したといわれ、荒れ地や空き地、道端、畑の周りなどに生育している。名は、ホオズキに似ているが、有毒植物で利用できないという意味。茎は斜めに立ちあがり、よく枝分かれして高さ30～60㎝になる。茎の途中の節間から花序を出し、数個の白い花を下向きに開く。熟すと黒くなる球形の実は、果軸にちらばってつく。

| | |
|---|---|
| 分　類 | 1年草 |
| 草　丈 | 30～60cm |
| 花　期 | 8～11月 |
| 分　布 | 日本全土 |
| 生育地 | 道端、畑、荒れ地、草地 |
| 別　名 | バカナス |

よく分枝して、茎の途中に花や実をつける

1月
2月
3月
4月
5月
6月
7月
8月
9月
10月
11月
12月

## アメリカイヌホオズキ 毒草

【亜米利加犬酸漿】

◉科　名：ナス科ナス属
◉花　色：●淡紫色、○白色
◉学　名：Solanum ptychanthum

道端や畑で見かける。北アメリカ原産の帰化植物で、1950年ごろに渡来し、広い範囲に広がっている。今ではイヌホオズキ（上欄）より多く見かける。よく似たイヌホオズキとの違いは、イヌホオズキは葉幅が細くて薄く、花弁が反り返り、果実には光沢がない。本種は、葉が幅広で厚く、花弁は反り返らず、果実には光沢があり、軸にまとまってつく。

| | |
|---|---|
| 分　類 | 1年草 |
| 草　丈 | 40～80cm |
| 花　期 | 8～11月 |
| 分　布 | ほぼ日本全土（帰化植物） |
| 生育地 | 道端、畑、荒れ地、草地、空き地、河原 |
| 別　名 | |

細い茎が横に広がり、実が果軸の先に集まる

1月
2月
3月
4月
5月
6月
7月
8月
9月
10月
11月
12月

秋

市街地

| 1月 |
|---|
| 2月 |
| 3月 |
| 4月 |
| 5月 |
| 6月 |
| 7月 |
| 8月 |
| 9月 |
| 10月 |
| 11月 |
| 12月 |

# イヌビユ
【犬莧】

◉科　名：ヒユ科ヒユ属
◉花　色：●緑色
◉学　名：Amaranthus blitum

道端、空き地、畑地などで見かける。中国野菜のヒユナの仲間だが、あまり役に立たないことから名に「イヌ」が冠されている。しかし若い葉や柔らかい茎先は食用になる。茎は直立せず横に寝たり斜めに立ったりしている。葉の先がへこんでいることが本種の特徴。最近では、このへこみが少ないアオビユの方がふえている。

| 分　類 | 1年草 |
|---|---|
| 草　丈 | 30～70cm |
| 花　期 | 7～10月 |
| 分　布 | 日本全土(帰化植物) |
| 生育地 | 畑、道端、荒れ地、庭 |
| 別　名 | ノビユ、オトコヒョウ |

茎は紫褐色を帯び、菱状卵形の葉の先がくぼむ

---

| 1月 |
|---|
| 2月 |
| 3月 |
| 4月 |
| 5月 |
| 6月 |
| 7月 |
| 8月 |
| 9月 |
| 10月 |
| 11月 |
| 12月 |

# アオビユ
【青莧】

◉科　名：ヒユ科ヒユ属
◉花　色：●緑色、後に●褐色
◉学　名：Amaranthus viridis

熱帯アメリカ原産の帰化植物で、空き地や田畑、道端などに生えている。やや堅い茎は直立して高さ40～80㎝になる。葉は三角状の広卵形で、長さ4～8㎝、先端はほとんどへこまない。茎や枝の先に、緑色の小さな花が穂状(すいじょう)につき、実がつくころは、花穂(かすい)は褐色に変わる。花穂は太さ5㎜、長さ10㎝ほどで、雌花と雄花が混在している。

| 分　類 | 1年草 |
|---|---|
| 草　丈 | 40～80cm |
| 花　期 | 6～11月 |
| 分　布 | 日本全土(帰化植物) |
| 生育地 | 畑、道端、草地 |
| 別　名 | ホナガイヌビユ |

葉先がへこまず花穂は褐色が、イヌビユと違う点

# ホソアオゲイトウ

【細青鶏頭】

◉科　名：ヒユ科ヒユ属
◉花　色：●緑色
◉学　名：Amaranthus hybridus

南アメリカ原産の帰化植物。大正時代に渡来し、荒れ地や空き地などで最もふつうに見られ、群生もする。ときに赤紫色を帯びる茎は、軟毛が生え、よく分枝して高さ80～200㎝になる。葉は先が尖った菱形状卵形で、長さ5～12㎝、長い柄をもち互生する。茎の先や葉の腋に緑色の円柱状の花穂をつける。全体的に花穂は長く伸びる。

| | |
|---|---|
| 分　類 | 1年草 |
| 草　丈 | 80～200cm |
| 花　期 | 8～10月 |
| 分　布 | ほぼ日本全土(帰化植物) |
| 生育地 | 畑、空き地、道端、休耕田 |
| 別　名 | ムラサキアオゲイトウ |

アオゲイトウより多く見られ、花穂が長い

1月 2月 3月 4月 5月 6月 7月 8月 9月 10月 11月 12月

# アオゲイトウ

【青鶏頭】

◉科　名：ヒユ科ヒユ属
◉花　色：●緑色
◉学　名：Amaranthus retroflexus

道端や畑地などで見かける。秋の主役の一つであるケイトウの仲間で、花穂が緑色なのでこの名がある。アオゲイトウは北アメリカ原産、ホソアオゲイトウ(上欄)は南アメリカ原産の帰化植物。本種の花穂(かすい)は円錐状になる。一時、日本全土の農地や市街地に広がったが、ホソアオゲイトウやホナガアオゲイトウに駆逐され、西日本では希少に。

| | |
|---|---|
| 分　類 | 1年草 |
| 草　丈 | 50～150cm |
| 花　期 | 7～10月 |
| 分　布 | ほぼ日本全土(帰化植物) |
| 生育地 | 畑、空き地、道端、休耕田 |
| 別　名 | |

道端などに生育し、緑色の花穂は太く短い

1月 2月 3月 4月 5月 6月 7月 8月 9月 10月 11月 12月

秋

市街地

# ノゲイトウ

**【野鶏頭】**

●科　名：ヒユ科ケイトウ属
●花　色：●淡紅色〜○白色
●学　名：Celosia argentea

花壇、道端、空き地などで見かける。群生している場合もある。インド原産といわれ、古い時代に渡来し、暖地に野生化している。観賞用のケイトウの原種ではないかといわれている。花は、咲き終わったものから順に、淡紅色から白色に色づいて美しい。種子が薬用植物として用いられ、強壮、消炎解熱などに効果があるといわれている。

| | |
|---|---|
| 分　類 | 1年草 |
| 草　丈 | 30〜100cm |
| 花　期 | 7〜10月 |
| 分　布 | 本州西部〜沖縄(帰化植物) |
| 生育地 | 畑、道端、草地、休耕田 |
| 別　名 | |

畑や休耕田のようなところに生え、淡紅色か白色の小さな花をつける

## 観察のポイント！

花穂は長さ4〜8㎝で小さな花が密につく。先の尖った卵形の花被片が5枚、雄しべは5本

葉は先が尖った披針形

分枝した茎の先に花穂をつける

花が終わると銀白色になる

1月
2月
3月
4月
5月
6月
7月
8月
9月
10月
11月
12月

市街地

# ツルドクダミ

**【蔓戟草】**

◉科　名：タデ科ソバカズラ属
◉花　色：○白色
◉学　名：Pleuropterus multiflorus

側溝、林縁、田んぼの畦などで見かける。つる性で葉がドクダミ（P.131）に似ているためにこの名前に。中国原産で、江戸時代に薬草として導入され、駒場御薬園に植えられことから、東京周辺に多く野生化（主に空き地や道路沿いの植え込みなどで雑草化）している。地下に大きな塊茎があり、これは薬用（強壮剤）に利用されている。

|  |  |
|---|---|
| 分　類 | 多年草 |
| 草　丈 | 100～200㎝（つる性） |
| 花　期 | 8～10月 |
| 分　布 | 本州～九州（帰化植物） |
| 生育地 | 道端、丘陵地、石垣 |
| 別　名 | カシュウ |

**観察のポイント！**

雄しべが目立つ雄花と、目立たない雌しべをつけた雌花が、1つの花序に混じってつく

つるが長く伸び、空き地や石垣、フェンス沿いに群生している

葉は先が尖った卵形

つぼみの状態

サツマイモに似た塊茎

秋

市街地

# アカザ 毒草

【藜】

●科　名：ヒユ科アカザ属
●花　色：●黄緑色
●学　名：Chenopodium album var. centrorubrum

荒れ地、空き地、畑地などで見かける。若葉の色が赤いものをアカザといい、白いものをシロザというが、「ザ」の意味はわかっていない。古い時代に中国から伝来し、食用に栽培したものが野性化したとされる。若い葉を食用にして、太い茎は木のように堅くなり軽いので乾燥させて杖をつくる。野原で目にするのはシロザが多い。

| | |
|---|---|
| 分　類 | 1年草 |
| 草　丈 | 100～150㎝ |
| 花　期 | 5～10月 |
| 分　布 | 日本全土 |
| 生育地 | 畑、道端、荒れ地 |
| 別　名 | |

空き地や畑などで見られ、若い葉の表面が赤みを帯びて美しい

## 観察のポイント！

若葉の表面が赤紫色の粉に覆われる。若葉の白い粉を洗いおとして、シロザとともに食用になる

春の発芽

花はアワ粒状

花期は葉が赤くない

1月
2月
3月
4月
5月
6月
7月
8月
9月
10月
11月
12月

秋

市街地

## シロザ 毒草
【白藜】

●科　名：ヒユ科アカザ属
●花　色：黄緑色
●学　名：Chenopodium album

ユーラシア原産で、史前帰化種といわれ、畑や道端、野原、荒れ地などでよく見る。茎はよく分枝して高さ60～150㎝になり、長い柄をもつ菱形状卵形～卵形の葉が互生する。若葉や葉の裏が白い粉に覆われるのが特徴で、茎の上部の若い葉を付けた中心部が白っぽく見える。夏から秋にかけて、黄緑色の小さな花が穂状に集まってつく。

| | |
|---|---|
| 分　類 | 1年草 |
| 草　丈 | 60～150cm |
| 花　期 | 8～10月 |
| 分　布 | 日本全土 |
| 生育地 | 畑、道端、荒れ地 |
| 別　名 | |

葉の両面が白い粉に覆われて白っぽく見える

1月 2月 3月 4月 5月 6月 7月 8月 9月 10月 11月 12月

## コアカザ
【小藜】

●科　名：ヒユ科アカザ属
●花　色：黄緑色
●学　名：Chenopodium ficifolium

ユーラシア原産で、古い時代に帰化したと考えられている。畑や道端、荒れ地などでごくふつうに見る。茎は下部からよく分枝して枝を広げ、高さ30～60㎝になる。葉はシロザ（上欄）より幅が狭い長卵形～広披針形で、基部近くは大きく3裂する。葉の裏面や上部の葉は白い粉があり、白っぽく見える。白緑色の小さな花はシロザより早く咲く。

| | |
|---|---|
| 分　類 | 1年草 |
| 草　丈 | 30～60cm |
| 花　期 | 6～8月 |
| 分　布 | 日本全土 |
| 生育地 | 畑、道端、荒れ地 |
| 別　名 | |

シロザより花が早く咲き、葉の幅が狭い

1月 2月 3月 4月 5月 6月 7月 8月 9月 10月 11月 12月

市街地

# ヒガンバナ 毒草

【彼岸花】

◉科　名：ヒガンバナ科ヒガンバナ属
◉花　色：●赤色
◉学　名：Lycoris radiata

土手、公園、神社・寺院などで見かける。秋の彼岸のころに花が咲くので、この名前に。花を咲かせた後に葉が出てきて、その葉は青々としたまま冬を過ごし、翌春、ほかの植物たちが若葉になっているころに枯れてしまい、秋が来るまで“夏眠生活”を送る。シロバナマンジュシャゲは、ヒガンバナとショウキズイセンとの自然交雑種といわれている。

| 分　類 | 多年草 |
|---|---|
| 草　丈 | 30～50cm |
| 花　期 | 9～10月 |
| 分　布 | 日本全土 |
| 生育地 | 土手、道端、田の畦、林縁 |
| 別　名 | マンジュシャゲ |

人里付近でしか見られず、
古い時代に中国から渡来したといわれる

## 観察のポイント！

披針形の花被片6枚が強く反り返り、1つの雌しべと6本の雄しべが花の外に長く突き出る

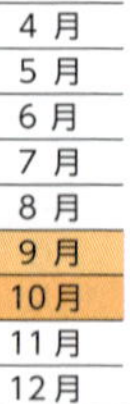

冬の姿。葉は春に枯れる

鱗茎でふえる

群生の様子

# シュウカイドウ 毒草

【秋海棠】

●科　名：シュウカイドウ科シュウカイドウ(ベゴニア)属
●花　色：●淡紅色、まれに○白色
●学　名：Begonia grandis

秋

市街地

家の裏や半日陰の場所、湿り気の多い石垣、花壇、庭などで見かける。中国、マレー半島原産。江戸時代に渡来したベゴニアの仲間。耐寒性があり、繁殖力が旺盛なので、庭で栽培されていたものが逃げ出して、家の周りなどに野生化している。花後、葉の付け根に小さなムカゴができて、地上部が枯死するころにこぼれ落ちて翌春、発芽する。

| 分　類 | 多年草 |
|---|---|
| 草　丈 | 30～60cm |
| 花　期 | 8～10月 |
| 分　布 | 本州(関東地方以西、帰化植物) |
| 生育地 | 日陰の湿った場所 |
| 別　名 | ヨウラクソウ |

日陰の湿地を好み、庭で栽培されるほか道端などでも見られる

## 観察のポイント!

1つの花序に雄花と雌花がつく。雄花は4弁花に見えるが、小さい2枚が本当の花弁

葉は左右不対象の心形

雌花は三角錐の子房をもつ

葉柄にいたムカゴ

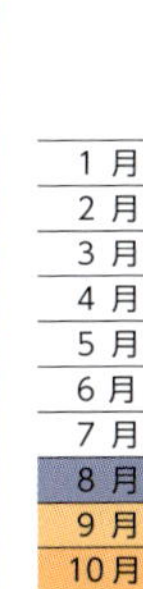

秋

市街地

# ヘクソカズラ 毒草

【屁糞葛】

◉科　名：アカネ科ヘクソカズラ属
◉花　色：○白色、中央部は●紅色
◉学　名：*Paederia foetida*

公園、空き地、道端、林縁などで見かける。葉茎果実を揉むと悪臭を放つので、この名前が付けられた。『万葉集』では屎葛(くそかづら)の名で詠まれている。別名はヤイトバナで、花の中心の赤い部分をお灸(きゅう)(＝やいと)の火がついている部分に例えたもの。もう１つの別名のサオトメカズラは花の形を早乙女(田植えをする女性)のかぶる笠に見立てたもの。

| | |
|---|---|
| 分　類 | 多年草 |
| 草　丈 | 100～200cm(つる性) |
| 花　期 | 8～9月 |
| 分　布 | 日本全土 |
| 生育地 | 道端、土手、藪、林縁、河原 |
| 別　名 | ヤイトバナ、サオトメカズラ |

フェンスなどに絡まり、花や葉、実を傷つけると嫌な臭いがする

## 観察のポイント!

花の先は浅く5裂して平らに開く。花の中心部は紅紫色で、２本の花柱が飛び出している

葉は楕円形で対生

つる性でほかの植物に巻き付く

球形の実は黄褐色に熟す

1月
2月
3月
4月
5月
6月
7月
8月
9月
10月
11月
12月

# シュウメイギク 毒草

【秋明菊】

◉科　名：キンポウゲ科イチリンソウ属
◉花　色：●紅紫色、まれに○白色
◉学　名：*Anemone hupehensis* var. *japonica*

秋

市街地

花壇、庭、林縁(りんえん)などで見かける。名前は、あまりに花が美しいので「冥土に咲く秋の菊」のようだ、という意味で「秋冥菊」と名付けられ、その後「秋明菊」に変化したようだ。別名の「キブネギク」は、京都の貴船(きぶね)神社の近くで多く咲いていたので名付けられたらしい。名前に「キク」が付いているが、キク科ではなくアネモネ（イチリンソウ）の仲間。

| | |
|---|---|
| 分　類 | 多年草 |
| 草　丈 | 30～120cm |
| 花　期 | 9～11月 |
| 分　布 | 本州～九州 |
| 生育地 | 道端、石垣の間、林縁 |
| 別　名 | キブネギク |

庭や寺の境内などで見られるが、人里離れた山中には野生しない

**観察のポイント！**

花の直径は5cmほど。花弁に見えるのはすべて萼片で、平らに開く。ふつう実はできない

茎葉は3～5裂する

つぼみ。茎の上部に花柄を伸ばす

まれに見る白花

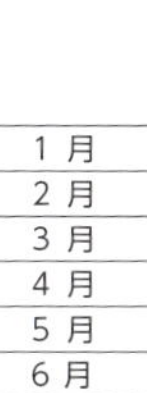

市街地

# カヤツリグサ

【蚊帳吊草】

◉科　名：カヤツリグサ科カヤツリグサ属
◉花　色：●黄褐色
◉学　名：Cyperus microiria

川岸、田んぼ、道端など、湿り気のあるところで見かける。名前の由来は、茎の両端をつまんで裂くと四角形ができ、これを蚊帳(かや)に見立てたもの。蚊帳とは、夏の夜、蚊や害虫を防ぐため、四隅を吊って寝床を覆う幕のこと。茎は三角形で節がないため、縦に裂ける。黄褐色の花穂をところどころつける。似ているコゴメガヤツリは花が小さい。

| 分　類 | 1年草 |
| --- | --- |
| 草　丈 | 20～60cm |
| 花　期 | 8～10月 |
| 分　布 | 本州～九州 |
| 生育地 | 田畑の畦、道端、草地、空き地 |
| 別　名 | |

1月 2月 3月 4月 5月 6月 7月 8月 9月 10月 11月 12月

田畑の畦や道端などでごくふつうに見られる

# コゴメガヤツリ

【小米蚊帳吊】

◉科　名：カヤツリグサ科カヤツリグサ属
◉花　色：●黄褐色
◉学　名：Cyperus iria

田の畦や畑の周り、道端などのやや湿ったところに生えている。茎の高さは20～60㎝で、長い線形の葉が根生する。茎の先の葉状の苞の間から、線香花火状に数本の枝を出し、枝はさらに分枝して多数の小穂をつける。カヤツリグサによく似ているが、小穂の黄色みが強く、小穂の鱗片の先が丸みを帯びていることなどから区別できる。

| 分　類 | 1年草 |
| --- | --- |
| 草　丈 | 20～60cm |
| 花　期 | 7～10月 |
| 分　布 | 本州～九州 |
| 生育地 | 田畑の畦、道端、草地、空き地 |
| 別　名 | |

1月 2月 3月 4月 5月 6月 7月 8月 9月 10月 11月 12月

カヤツリグサより小形で、小穂は黄色

秋

市街地

# メリケンカルカヤ

【米利堅刈萱】

◉科　名：イネ科ウシクサ属
◉花　色：●緑色（小穂）
◉学　名：*Andropogon virginicus*

乾燥した荒れ地、草地、空き地、道端などで群生しているのを見かける。北アメリカ原産の帰化植物で、1940年代に渡来した。繁殖力が旺盛で、戦後、凄い勢いで分布を広げたために現在は要注意外来生物に指定されている。本種の種子は風に乗って広がる。そのため、植えた覚えのない場所で芽が出るので驚かされることがある。

| 分　類 | 多年草 |
| --- | --- |
| 草　丈 | 50～100cm |
| 花　期 | 9～10月 |
| 分　布 | 関東以西（帰化植物） |
| 生育地 | 畑、田の畦、道端、荒れ地 |
| 別　名 | |

## 観察のポイント！

葉腋に白い毛に包まれた穂がつく。小穂をつける枝は2～4本出て、白色の長い毛が密生する

都市部を中心に広がり、高速道路の周辺などで多く見られる

葉は線形で根ぎわから出る

群生した秋の姿

道路沿いの冬の姿

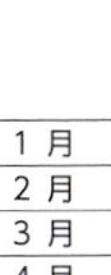

秋

市街地

## メヒシバ

【雌日芝】

●科　名：イネ科メヒシバ属
●花　色：●淡緑色〜●帯紫色（小穂）
●学　名：Digitaria ciliaris

畑、空き地、荒れ地などで見かける。引き抜きにくい厄介な雑草である。雄日芝（オヒシバ）に比べて優しい感じなので雌日芝（メヒシバ）。「日芝（ひしば）」は、夏の日差しにも負けず元気に育つ、という意味。オヒシバが踏みつけの強いところによく生えるのに対し、本種は踏みつけの少ないところに多い。アキメヒシバ（下欄）は本種より少し遅れて穂を出す。

| | |
|---|---|
| 分　類 | 1年草 |
| 草　丈 | 40〜80cm |
| 花　期 | 7〜11月 |
| 分　布 | 日本全土 |
| 生育地 | 道端、畑、空き地 |
| 別　名 | メシバ、ハグサ |

1月 2月 3月 4月 5月 6月 7月 8月 9月 10月 11月 12月

道端や空き地などあらゆるところで見る雑草

## アキメヒシバ

【秋雌日芝】

●科　名：イネ科メヒシバ属
●花　色：●淡緑色〜●帯紫色（小穂）
●学　名：Digitaria violascens

畑や草地、芝地、道端などで普通に見られる。メヒシバより遅れて開花するのが名の由来。茎は基部で分枝するが、横に這うことはなく斜上し、上部は直立して高さ30〜80㎝になる。全体に紫褐色を帯びるものもある。線形の葉や葉鞘（ようしょう）はふつう無毛。茎の先に花序の枝を4〜10本、やや放射状に広げ、緑色か、紫を帯びた小穂が密生する。

| | |
|---|---|
| 分　類 | 1年草 |
| 草　丈 | 30〜80cm |
| 花　期 | 8〜10月 |
| 分　布 | 日本全土 |
| 生育地 | 道端、畑、空き地 |
| 別　名 | |

1月 2月 3月 4月 5月 6月 7月 8月 9月 10月 11月 12月

赤紫色の小穂がメヒシバより遅く開花する

# オヒシバ
【雄日芝】

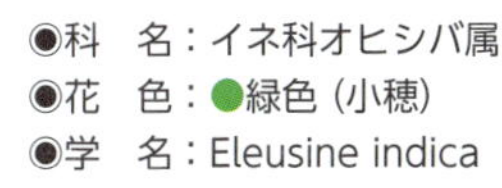
◉科　名：イネ科オヒシバ属
◉花　色：●緑色（小穂）
◉学　名：Eleusine indica

道路の割れ目、庭先、道端、畑、空き地などでよく見かける。人に踏まれるところを生育の場に選んでいるように、とても丈夫でたくましい。力を入れて引っ張っても引き抜けないので、チカラグサの別名も。夏から秋にかけて、茎の先に緑色の小穂が密生した2～6本の枝を放射状に広げる。小穂には数個の小花がつき、長さ4～6㎜。

| | |
|---|---|
| 分　類 | 1年草 |
| 草　丈 | 30～60cm |
| 花　期 | 8～10月 |
| 分　布 | 本州～沖縄 |
| 生育地 | 道端、空き地、野原 |
| 別　名 | チカラグサ |

**観察のポイント！**

茎の先に2～6本の枝が放射状に広がり、各枝の片側に緑色の小穂が2列にずらりと並ぶ

全体に丈夫で踏みつけられても平気で生育し、株は引き抜きにくい

光沢がある若い姿

葉は鮮緑色の線形

メヒシバよりずんぐりした姿

市街地

# エノコログサ

【狗尾草、犬子草】

●科　名：イネ科エノコログサ属
●花　色：●緑色
●学　名：Setaria viridis

道路沿い、草地、空き地などでよく見かける。とてもよく知られた野草である。花穂が狗（＝小犬）の尻尾に似ているためにこの名前に。また、この穂でネコをじゃらして遊ぶことから、ネコジャラシとも呼ばれる。ちなみに、英名は foxtail-grass で、こちらはキツネの尻尾に見立てている。本種は五穀の１つ「粟」の原種といわれている。

| 分類 | 1年草 |
|---|---|
| 草丈 | 30～80cm |
| 花期 | 8～11月 |
| 分布 | 日本全土 |
| 生育地 | 道端、畑、空き地、草地 |
| 別名 | ネコジャラシ |

1月 2月 3月 4月 5月 6月 7月 8月 9月 10月 11月 12月

ネコジャラシの名で親しまれている雑草

# キンエノコロ

【金狗尾】

●科　名：イネ科エノコログサ属
●花　色：●黄金色
●学　名：Setaria pumila

日当たりのよい道端や空き地、土手、畑などに群生する。エノコログサに似て、穂が文字通り金色であることが名の由来。茎は基部で分枝し、斜上して高さ30～80㎝になる。細長い線形の葉はやや堅くてざらつく。茎頂に、長さ3～10㎝の円柱形で黄金色の花穂をつける。穂は直立し、小穂の基部に黄金色の剛毛があるのが特徴。

| 分類 | 1年草 |
|---|---|
| 草丈 | 30～80cm |
| 花期 | 8～10月 |
| 分布 | 日本全土 |
| 生育地 | 道端、畑、空き地、草地 |
| 別名 | |

1月 2月 3月 4月 5月 6月 7月 8月 9月 10月 11月 12月

秋に黄金色の穂が揃って風に揺れる

# アキノエノコログサ

【秋の狗尾草】

◉科　名：イネ科エノコログサ属
◉花　色：淡緑色
◉学　名：Setaria faberi

花期は秋で、エノコログサより遅く開花することが名の由来。空き地や道端、畑、荒れ地などに群生し、一般にエノコログサより多く見られる。全体がやや紫色を帯び、広線形で柔らかい葉の表面に短毛が密生している。穂は長さ5～12㎝。先が垂れ下がり、小穂の基部の剛毛はエノコログサよりわずかに長く、紫色を帯びることが多い。

| | |
|---|---|
| 分　類 | 1年草 |
| 草　丈 | 30～80cm |
| 花　期 | 9～11月 |
| 分　布 | 日本全土 |
| 生育地 | 道端、畑、空き地、草地 |
| 別　名 | |

全体に大形で、エノコログサより開花が遅い

1月
2月
3月
4月
5月
6月
7月
8月
9月
10月
11月
12月

# ムラサキエノコロ

【紫狗尾】

◉科　名：イネ科エノコログサ属
◉花　色：紫褐色
◉学　名：Setaria viridis

エノコログサの品種。畑や道端、河原などでよく見られ、ときには群生もする。紫色を帯びた茎の高さは30～80㎝、線形の葉も紫色を帯び、長さ7～15㎝、幅5～8㎜で、表面はざらざらする。葉鞘（ようしょう）は濃紫褐色で毛が生えている。花期は晩夏～初秋で、花序の穂は長さ3～6cm。紫色を帯びた剛毛に密に覆われて穂全体が紫褐色に見える。

| | |
|---|---|
| 分　類 | 1年草 |
| 草　丈 | 30～80cm |
| 花　期 | 8～10月 |
| 分　布 | 日本全土 |
| 生育地 | 道端、畑、空き地、草地 |
| 別　名 | |

エノコログサの品種で剛毛が紫褐色を帯びる

1月
2月
3月
4月
5月
6月
7月
8月
9月
10月
11月
12月

# アキノノゲシ

**【秋の野罌粟、秋の野芥子】**

道端、草地、空き地、荒れ地などで見かける。ノゲシ（P.16）に似ていて秋に花が咲くのが名の由来だが、実はノゲシの仲間ではなく、野菜のレタスの仲間だというから驚く。郊外の空き地などで2mくらいの高さになって他の野草を見下ろしている姿を見かけると秋になったことを実感する。茎や葉を切ると白い乳液が出る。

| 分　類 | 1～2年草 |
|---|---|
| 草　丈 | 60～200cm |
| 花　期 | 9～11月 |
| 分　布 | 日本全土 |
| 生育地 | 荒れ地、道端、草地 |
| 別　名 | |

## 観察のポイント！

舌状花のみの花は直径2cmほどで淡黄色。茎の先に円錐状につき、日中開いて夕方に閉じる

荒れ地や草地などに生え、人の背丈以上に高くなってよく目立つ

春の姿。ロゼット

葉は羽状に切れ込む

実は長い冠毛がある

1月
2月
3月
4月
5月
6月
7月
8月
9月
10月
11月
12月

# ベニバナボロギク

**【紅花襤褸菊】**

◉科　名：キク科ベニバナボロギク属
◉花　色：●赤橙色
◉学　名：Crassocephalum crepidioides

秋

山辺の町

道端、山道、荒れ地などで見かける。伐採跡地を一面覆いつくしている光景を見かけることもある。アフリカ原産の帰化植物。第２次世界大戦後に日本各地に広がった。頭花が紅色(べにいろ)で、全体の姿がダンドボロギクに似るところからこの名前に。実には白い毛があり、風に吹かれて飛んでいく。若い葉をおひたしなどにして食べる。

| 分　類 | １年草 |
|---|---|
| 草　丈 | 50～100cm |
| 花　期 | 8～10月 |
| 分　布 | 本州～沖縄(帰化植物) |
| 生育地 | 道端、林縁、荒れ地 |
| 別　名 | |

**観察のポイント！**

花は筒状花のみの頭花で、先端がレンガ色、基部は白色。花序全体が垂れ、下向きに花が咲く

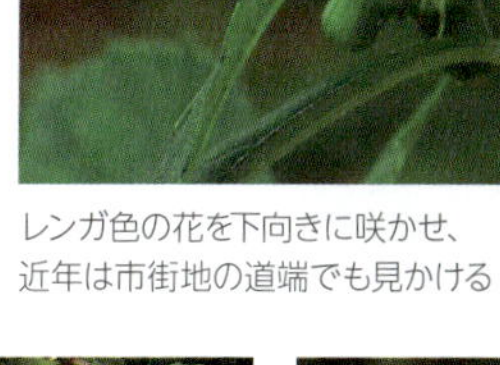

レンガ色の花を下向きに咲かせ、近年は市街地の道端でも見かける

春の若い姿

下の葉は羽状に裂ける

実に白色の長い冠毛がある

1月
2月
3月
4月
5月
6月
7月
8月
9月
10月
11月
12月

山辺の町

# ノコンギク

**【野紺菊】**

◉科　名：キク科シオン属
◉花　色：●淡青紫色、○白色
◉学　名：Aster microcephalus var. ovatus

道端、林縁（りんえん）などでもっともよく見かける秋の野菊の１つ。名は「野に咲く紺色の菊」という意味。栽培種のコンギクはノコンギクの中から選抜されたもの。花の形が星のようにもヘリコプターや竹とんぼの羽根のようにも見えてよく目立つ。ヨモギ（P.209）などと道端で草むらをつくり群生する。若芽はゴマあえ、天ぷらなどで食べられる。

| | |
|---|---|
| 分　類 | 多年草 |
| 草　丈 | 50～100cm |
| 花　期 | 8～11月 |
| 分　布 | 本州～九州 |
| 生育地 | 山野の道端、林縁、草地 |
| 別　名 | |

秋に咲く野菊と呼ばれるものの1つで、山野でふつうに見られる

**観察のポイント！**

花は直径 2.5㎝ほどの頭花。淡青紫色の舌状花が、多数ある黄色の筒状花の周りに１列に並ぶ

葉は長楕円形。両面に毛がある

つぼみは色が濃い

実の冠毛が長い

1月
2月
3月
4月
5月
6月
7月
8月
9月
10月
11月
12月

秋

山辺の町

# ノハラアザミ

**【野原薊】**

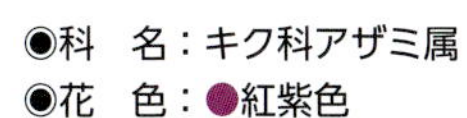

◉科　名：キク科アザミ属
◉花　色：●紅紫色
◉学　名：Cirsium oligophyllum

道端、草地、林縁などの日当たりのよい場所で見かける。ノアザミ（P.68）に似ているが、花期がノアザミは春で本種は秋であることと、花の下の総苞が、ノアザミは粘り、本種は粘らないという２点が大きく違う。アザミ属は北半球で約250種が分布、そのうち日本には60種（多くが日本特産種）以上が分布しており、分布の中心地である。

|  |  |
|---|---|
| 分　類 | 多年草 |
| 草　丈 | 40～100cm |
| 花　期 | 8～10月 |
| 分　布 | 本州（中部地方以北） |
| 生育地 | 荒れ地、草原 |
| 別　名 | |

**観察のポイント！**

花を包んでいる総苞は鐘形で、総苞片の先端がやや反り返り、粘らないのが特徴

乾いた草地や土手などに多く、よく似たノアザミより花期が遅い

ロゼット状の根生葉

葉は羽状に深裂する

冠毛をつけた実

秋

# フジバカマ
【藤袴】

◉科　名：キク科ヒヨドリバナ属
◉花　色：●淡紅紫色、○白色
◉学　名：Eupatorium japonicum

河岸や土手で見かける。秋の七草の1つ。筒状の花弁を袴(はかま)に見立て、花が藤色であることと合わせて藤袴(ふじばかま)と名付けられた。中国原産で、奈良時代に薬草として渡来したといわれている。葉が生乾きのときに、桜餅のような香りがする。野生のものは絶滅危惧種。園芸店で売られているものは、交雑から生まれた品種のサワフジバカマ。

| 分類 | 多年草 |
|---|---|
| 草丈 | 100～150cm |
| 花期 | 8～9月 |
| 分布 | 本州(関東地方以西)～九州 |
| 生育地 | 土手、草地 |
| 別名 | |

秋の七草の一つだが、自生のものが少なくなり現在は絶滅危惧種

**観察のポイント!**

淡紅色の花が茎の先に多数つく。舌状花はなく、雌しべの白い花柱が長く突き出てよく目立つ

葉は3深裂して縁に鋸歯がある

上部の葉は裂けない

花の白いタイプ

# カワラナデシコ

**【川(河)原撫子】**

●科　名：ナデシコ科ナデシコ属
●花　色：淡紅紫色、○白色
●学　名：Dianthus superbus var. longicalycinus

秋

河原、草むら、ススキ草原、庭などで見かける。秋の七草の１つ。『万葉集』には26首も詠まれていて、種子をまいて育てる歌もあり、当時から栽培されていたことがわかる。名に「カワラ」が付いているが、河原に特に多いわけではない。元々はナデシコだったが、後から渡来したセキチクと区別するために「ヤマトナデシコ」と呼ばれた。

| | |
|---|---|
| 分　類 | 多年草 |
| 草　丈 | 30～100cm |
| 花　期 | 7～10月 |
| 分　布 | 本州～九州 |
| 生育地 | 山野の草地、河原 |
| 別　名 | ナデシコ、ヤマトナデシコ |

**観察のポイント!**

花は淡紅紫色で直径4～5㎝。5枚ある花弁の縁が糸状に細かく裂けているのが特徴

秋の七草の1つ。庭にも植えられ、単にナデシコとも呼ばれる

根生葉はロゼット状

日当たりのよい草原に咲く

まれに見かける白花種

1月
2月
3月
4月
5月
6月
7月
8月
9月
10月
11月
12月

山辺の町

# アマチャヅル

【甘茶蔓】

◉科　名：ウリ科アマチャヅル属
◉花　色：●黄緑色
◉学　名：Gynostemma pentaphyllum

雑木林のへり、道端の藪などで見かける。黄緑色の小さな花が、葉腋に総状につく。葉を噛むとわずかに甘味があるので、お釈迦様の生誕を祝うお祭りである4月8日の灌仏会（かんぶつえ）で使うアマチャ（アジサイの仲間）になぞらえて、この名前が付けられた。ただ、中には苦いものも。朝鮮人参と同じ成分が含まれるといわれ、野草茶にされる。

| | |
|---|---|
| 分　類 | 多年草 |
| 草　丈 | 1～3m（つる性） |
| 花　期 | 8～9月 |
| 分　布 | 日本全土 |
| 生育地 | 山地、林縁、藪 |
| 別　名 | |

林縁や藪の中などに生え、
巻きひげでほかのものに絡みつく

**観察のポイント！**

雌雄異株。雌花の直径は5㎜ほどで、黄緑色の花の先が深く5裂し、先端が尾状に尖る

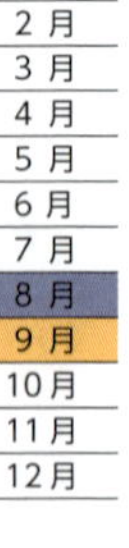

春の芽生え

葉は鳥足状複葉。小葉は5枚

球形の実は黒く熟す

# オミナエシ
【女郎花】

●科　名：スイカズラ科オミナエシ属
●花　色：黄色
●学　名：Patrinia scabiosifolia

秋

山野のススキ草原などに生育するほか、花壇でも栽培される。秋の七草の１つで、全体が細いので風にそよぐ姿には秋の風情が感じられる。名の語源はよくわからないが、『古今和歌集』で「女郎花」の表記が定着したといわれ、平安朝の人びとにも愛された花だが、漢名の「敗醤」が示すように、味噌の腐ったような異臭がある。

| | |
|---|---|
| 分　類 | 多年草 |
| 草　丈 | 60～100cm |
| 花　期 | 8～10月 |
| 分　布 | 北海道～九州 |
| 生育地 | 丘陵地、山地の草原 |
| 別　名 | オミナメシ、アワバナ、ハイショウ |

万葉の昔から親しまれてきた秋の七草だが、近年は大分減ってきた

**観察のポイント!**

花は黄色で直径４㎜ほど、短い筒形の花冠の先が深く５裂して、分枝する茎の先に多数つく

株のそばに新苗をつくる

葉は羽状に深く裂ける

茎はすっと直立する

1月
2月
3月
4月
5月
6月
7月
8月
9月
10月
11月
12月

山辺の町

# アカネ

【茜】

道端、藪(やぶ)、空き地、林縁(りんえん)などで見かける。名前は根の色が赤いために、「赤い根＝アカネ」ということで名付けられた。夕焼けで空が赤く染まっているときの色を茜色(あかねいろ)というが、それは本種の茜のことである。この太いひげ状の赤い根は古くから赤色の染料（茜染め(あかねぞ)）に利用されてきたほか、止血剤などの薬用にも使われている。

◉科　名：アカネ科アカネ属
◉花　色：●淡黄緑色
◉学　名：Rubia argyi

|  |  |
|---|---|
| 分　類 | 多年草 |
| 草　丈 | 150～200cm（つる性） |
| 花　期 | 8～10月 |
| 分　布 | 本州～九州 |
| 生育地 | 林縁、藪、草地、道端 |
| 別　名 | |

四角形の茎に下向きの刺があり、これで他の植物に絡まる

**観察のポイント！**

花は直径3～4㎜。黄緑色で深く5裂し、裂片の先が尖り、茎や葉の腋に円錐形につく

成長の初期

根

葉は三角状卵形で4枚が輪生する

1月
2月
3月
4月
5月
6月
7月
8月
9月
10月
11月
12月

秋

# ゲンノショウコ

【現の証拠】

◉科　名：フロウソウ科フロウソウ属
◉花　色：●紅色、●淡紅色、○白色
◉学　名：Geranium thunbergii

道端、草地、林縁（りんえん）などで見かける。本種は有名な薬用植物で、花の咲いている時期に全草を採集して陰干しにして、煎じて飲むと下痢や腹痛にたちどころに効くため、「すぐ効き目があらわれる」の意味から「現の証拠」と名付けられた。東日本では白花、西日本では紅紫色（こうししょく）の花が多く、両方混じって咲いていることもある。

| | |
|---|---|
| 分　類 | 多年草 |
| 草　丈 | 30～60cm |
| 花　期 | 7～10月 |
| 分　布 | 北海道～九州 |
| 生育地 | 草地、道端、土手 |
| 別　名 | ミコシグサ、イシャイラズ |

**観察のポイント！**

東日本で多い白花。花弁は5枚、雄しべ10本、雌しべは1つ。花弁に濃い色のすじが入る

山野の道端などに生え、
古くから下痢止めの民間薬として有名

紫黒色の斑点がある若葉

西日本に多い赤花

熟して５裂した実

1月
2月
3月
4月
5月
6月
7月
8月
9月
10月
11月
12月

秋

山辺の町

# イノコズチ

【猪子槌】

日影の道路沿いや林内、竹藪（たけやぶ）などで見かける。名は、膨らんだ茎の節をイノシシの膝頭に見立てたもの。別名のヒカゲイノコズチは、日陰に生えるための名だが、ヒナタイノコズチと混生していることもあり、生えている場所で判断することはできない。本種は、茎が細く、葉が薄い、花がややまばらにつくなどの特徴がある。

| | |
|---|---|
| 分　類 | 多年草 |
| 草　丈 | 50～150cm |
| 花　期 | 8～9月 |
| 分　布 | 本州～九州 |
| 生育地 | 林縁、林下 |
| 別　名 | ヒカゲイノコズチ |

1月 2月 3月 4月 5月 6月 7月 8月 9月 10月 11月 12月

◉科　名：ヒユ科イノコズチ属
◉花　色：●緑色（萼片）
◉学　名：Achyranthes bidentata var. japonica

木の陰や林縁、道端などのやや日陰に生育

# ヒナタイノコズチ

【日向猪子槌】

道端、草地、荒れ地、林縁などに生え、イノコズチより多く見る。イノコズチに似ているが、本種は全体に毛が多く、特に若葉は白っぽく見えるほど毛が目立つ。葉も厚く、茎も太い。花が密集してつくので花穂も太め。花序の軸に下向きに実がぴったりくっつき、針状に変化した苞葉の棘で、衣服や動物の毛について遠くまで運ばれる。

| | |
|---|---|
| 分　類 | 多年草 |
| 草　丈 | 50～100cm |
| 花　期 | 8～9月 |
| 分　布 | 本州～九州 |
| 生育地 | 日当たりのよい道端、荒れ地 |
| 別　名 | |

1月 2月 3月 4月 5月 6月 7月 8月 9月 10月 11月 12月

◉科　名：ヒユ科イノコズチ属
◉花　色：●緑色（萼片）
◉学　名：Achyranthes bidentata var. fauriei

明るい場所に生え、イノコズチより茎が太い

# クズ

【葛】

◉科　名：マメ科　クズ属
◉花　色：●紅紫色
◉学　名：Pueraria lobata

秋

山辺の町

道端、草地、土手、空き地、林縁などで見かける。秋の七草の１つ。葛粉（クズの根から得られるデンプンを精製して作られる食用の粉）の有名な産地が吉野（奈良県）の国栖だったためこの名前が付いたといわれている。クズは『万葉集』をはじめ多くの詩歌に登場している。他の物を覆うほど繁殖力が強く、害草になっている。

|  |  |
|---|---|
| 分　類 | 多年草 |
| 草　丈 | 5～200cm（つる性） |
| 花　期 | 7～9月 |
| 分　布 | 日本全土 |
| 生育地 | 土手、斜面 |
| 別　名 | ウラミグサ、カッコン |

秋の七草の一つ。根のデンプンからつくられるのが本来の葛粉

長さ2㎝ほどの蝶形花が穂状に多数つき、下から順に咲く。花からは甘い香りが漂う

**草花遊び　ムカデ**：葉柄２本を芯にし、そこに柄を巻きつけながら編んでいき、最後を糸で結ぶ

春の新芽

実は褐色の毛に覆われる

落葉後の葉痕

1月
2月
3月
4月
5月
6月
7月
8月
9月
10月
11月
12月

秋

# ヤブマメ

【藪豆】

道端、草地、郊外の土手、林縁などで見かける。地中に閉鎖花（へいさか）（つぼみが花開くことなく、自家受粉によって結実する花のこと。開花して受粉が行われる花は、開放花という）をつけ、結実するユニークな植物。地中にできる実は１つだけだが淡い桃色で、地上の豆より大きくなる。ツルを伸ばして他の草に絡まり、群れて小さな花を咲かせる。

| | |
|---|---|
| 分　類 | １年草 |
| 草　丈 | 100～150cm（つる性） |
| 花　期 | 8～11月 |
| 分　布 | 北海道～九州 |
| 生育地 | 林縁、藪、道端、野原 |
| 別　名 | ギンマメ |

1月 2月 3月 4月 5月 6月 7月 8月 9月 10月 11月 12月

◉科　名：マメ科ヤブマメ属
◉花　色：淡紫色
◉学　名：*Amphicarpaea bracteata* ssp. *edgeworthii* var. *japonica*

地中に閉鎖花をつけ、地下にもマメができる

# ワレモコウ

【吾亦紅、吾木香】

ススキ草原を代表する花。茎が細く直立しているので、生きるのに草原が適している。草地、花壇でも見かけるが、道端では見かけなくなった。3～15個に羽状に裂けた葉にスイカのような香りがある。寂しげな立ち姿が好まれ、茶花（ちゃばな）（茶席にいける花）などにもよく使われている。『源氏物語』や『徒然草』などに登場する。名前の由来は不明。

| | |
|---|---|
| 分　類 | 多年草 |
| 草　丈 | 50～120cm |
| 花　期 | 7～10月 |
| 分　布 | 北海道～九州 |
| 生育地 | 林縁、草地、土手 |
| 別　名 | |

1月 2月 3月 4月 5月 6月 7月 8月 9月 10月 11月 12月

◉科　名：バラ科ワレモコウ属
◉花　色：暗赤紫色
◉学　名：*Sanguisorba officinalis*

暗紅紫色の４枚の萼片が花弁のように見える

# ミズヒキ

【水引】

藪、林縁(りんえん)、草地などで見かける。花穂(かすい)に横向きに点々とついている花は、4裂する花被片(かひへん)の上側の3枚は赤く、下側の1枚は白い。そのため花穂を上から見ると全体が赤く、下から見ると全体が白く見える。それを紅白の水引(みずひき)に見立てたのが名の由来。果実が熟すと雌(め)しべの先端がカギ状に曲がり、このカギで衣服にくっついて運ばれる。

| | |
|---|---|
| 分　類 | 多年草 |
| 草　丈 | 50～80cm |
| 花　期 | 8～10月 |
| 分　布 | 日本全土 |
| 生育地 | 林縁、林下、藪 |
| 別　名 | ハチノジグサ |

◉科　名：タデ科イヌタデ属
◉花　色：●紅色、○白色
◉学　名：Persicaria filiformis

花を上から見ると赤く、下からは白く見える

1月 / 2月 / 3月 / 4月 / 5月 / 6月 / 7月 / 8月 / 9月 / 10月 / 11月 / 12月

# キンミズヒキ

【金水引】

道端、草地、林縁(りんえん)などで見かける。タデ科のミズヒキ（上欄）のような細長い花序に、黄色の花をつけるためにこの名前が付けられた。全体に長い軟毛が密生している。葉は互生し、大小不揃いの小葉からなる奇数羽状複葉。葉の大きさが不揃いなのは珍しいので本種の特徴になっている。実が衣類に付くので取るのに苦労する。

| | |
|---|---|
| 分　類 | 多年草 |
| 草　丈 | 30～100cm |
| 花　期 | 7～10月 |
| 分　布 | 北海道～九州 |
| 生育地 | 林縁、道端、草地、土手 |
| 別　名 | |

◉科　名：バラ科キンミズヒキ属
◉花　色：●黄色
◉学　名：Agrimonia pilosa var. japonica

棘のある実が衣服などにくっついて運ばれる

1月 / 2月 / 3月 / 4月 / 5月 / 6月 / 7月 / 8月 / 9月 / 10月 / 11月 / 12月

山辺の町

1月 2月 3月 4月 5月 6月 7月 8月 9月 10月 11月 12月

## センニンソウ 毒草

【仙人草】

●科　名：キンポウゲ科センニンソウ属
●花　色：○白色
●学　名：Clematis terniflora

よく分枝する茎は基部が木質化して枯れずに越冬する。対生する羽状複葉の葉の腋に、直径2～3㎝の白い花を群がって咲かせる。花は花弁がなく、雄しべと雌しべが多数ある。花が終わると、花柱が伸びて銀白色の長い毛をつけた卵形の実が集まってつく。この実の先についた白い毛を、仙人のひげや白髪に見立てたのが名の由来。

| | |
|---|---|
| 分　類 | 多年草 |
| 草　丈 | 300～500cm(つる性) |
| 花　期 | 7～10月 |
| 分　布 | 日本全土 |
| 生育地 | 林縁、草地、林下、道端 |
| 別　名 | ウシクワズ、ウマクワズ、ウシノハコボレ |

小さな花が群がって咲き、糸状の雄しべが目立つ

---

1月 2月 3月 4月 5月 6月 7月 8月 9月 10月 11月 12月

## ボタンヅル 毒草

【牡丹蔓】

●科　名：キンポウゲ科センニンソウ属
●花　色：○白色
●学　名：Clematis apiifolia

林縁や林内に生える。つる性の植物で、葉がボタンに似ることが名の由来。茎は暗紫色を帯びることがあり、光沢のない3出複葉の葉が対生する。小葉は先が尖った広卵形で、縁に粗い不揃いな鋸歯があり、小葉の縁が滑らかなセンニンソウと区別できる。葉腋につく白い花は雄しべの花糸が目立つ。十字形に開いて花弁に見えるのは萼片。

| | |
|---|---|
| 分　類 | 多年草 |
| 草　丈 | 200～400cm(つる性) |
| 花　期 | 7～10月 |
| 分　布 | 本州～九州 |
| 生育地 | 林縁、草地、林下、道端 |
| 別　名 | |

センニンソウに似るが、小葉の縁に鋸歯がある

# ヤブラン
**【藪蘭】**

●科　名：キジカクシ科ヤブラン属
●花　色：●淡紫色
●学　名：Liriope muscari

秋

花壇、庭、照葉林(しょうようりん)の林床(りんしょう)、林縁(りんえん)などで見かける。名前は、藪に生えて濃緑色で線形の葉がラン科のシュンラン（春に雑木林で咲くラン。春蘭）の葉に似ていることからこの名前が付いた。花は横向きについているが、花の中心にある雄しべと雌しべは上を向いている。こうしているのは花粉の送受粉に役立つからだろう。

| | |
|---|---|
| 分　類 | 多年草 |
| 草　丈 | 30～50cm |
| 花　期 | 8～10月 |
| 分　布 | 本州～沖縄 |
| 生育地 | 林内、林縁、藪 |
| 別　名 | |

**観察のポイント！**

淡紫色の小さな花が、花茎の先に数個ずつ固まってつく。花被片6枚、雄しべが6本ある

常緑の葉をつけ、日陰でも育つことから観賞用に栽培もされる

葉は線形で光沢がある

実のような黒い種子

ひげ根の一部が肥大する

1月
2月
3月
4月
5月
6月
7月
8月
9月
10月
11月
12月

山辺の町

# ホトトギス

【杜鵑草】

◉科　名：ユリ科ホトトギス属
◉花　色：○白色地に●紫色斑
◉学　名：Tricyrtis hirta

日本の固有種で、林内の湿った場所などに生える。上向きの毛が密生した茎はふつう分枝せず、斜上するか、岩場などでは垂れ下がる。先が尖(とが)った長楕円状披針形(ひしんけい)の葉が互生し、基部は茎を抱く。葉腋に白地に紫色の斑点がある花が1～3個上向きにつく。花の紅紫色の細かい斑点を、野鳥のホトトギスの胸の模様に見立ててこの名がある。

| 分　類 | 多年草 |
|---|---|
| 草　丈 | 40～80cm |
| 花　期 | 8～10月 |
| 分　布 | 北海道(西南部)～九州 |
| 生育地 | 林縁、林内、崖 |
| 別　名 | ユテンソウ |

山地のやや湿ったところに生育し、斜面に生えたものは下垂する

**観察のポイント!**

花には白地に紅紫色の斑点が密に入り、下部に黄色の斑紋がある。葉腋に上向きに咲く

若葉に黒い斑点がある

葉は長楕円形で基部が茎を抱く

若い実

1月
2月
3月
4月
5月
6月
7月
8月
9月
10月
11月
12月

# ツルボ 毒草

【蔓穂】

●科　名：キジカクシ科ツルボ属
●花　色：●淡紫色、○白色
●学　名：Barnardia japonic

秋

山辺の町

芝地、草地、道端、土手、畑地などで見かける。別名の参内傘(さんだいがさ)は、ツルボが紅紫色(こうししょく)の花を密につけて穂になったときの姿・形が、公家が参内するときの、柄の長い傘をすぼめたときに似ていることから名付けられた。しばしば大群落をつくるのだが、これは、1つの株が鱗茎(りんけい)をたくさんつけ、その鱗茎がそれぞれ1つの株になっていくから。

| | |
|---|---|
| 分　類 | 多年草 |
| 草　丈 | 20～40cm |
| 花　期 | 8～9月 |
| 分　布 | 日本全土 |
| 生育地 | 草地、土手、林縁、田畑の畦 |
| 別　名 | スルボ、サンダイガサ |

葉は春と秋に出る。春に出た葉は夏に枯れ、秋にまた出て開花する

**観察のポイント!**

直立する花茎に淡紅色の花を穂状につけ、6枚の花被片が平らに開いて下から順に咲く

光合成を行う春の葉

若い実

まれに見る白花種

1月
2月
3月
4月
5月
6月
7月
8月
9月
10月
11月
12月

# カワラケツメイ

**【河原決明】**

◉科　名：マメ科カワラケツメイ属
◉花　色：●黄色
◉学　名：Chamaecrista nomame

日当たりのよい河原や土手、草地、道端などに生える。名の決明は薬用やハブ茶などにされるエビスグサの漢名。それに似て河原に生えるので、この名がついた。細い茎は硬くて短毛が生え、高さ30～60㎝になる。葉は小葉が30～70枚つく偶数羽状複葉で、互生する。葉の腋に5弁花を1～2個ずつつけ、花後、扁平な豆果をつける。

| | |
|---|---|
| 分　類 | 1年草 |
| 草　丈 | 30～60cm |
| 花　期 | 8～9月 |
| 分　布 | 本州～九州 |
| 生育地 | 河原、道端、草地、土手 |
| 別　名 | マメチャ、ネムチャ |

**観察のポイント！**

黄色い花は直径7㎜ほど。マメ科だが蝶形花にならず、5枚の花弁がほぼ等間隔に並ぶ

日当たりのよい河原や土手、道端に生え、お茶の代用などにされる

葉は羽状複葉

長さ3～4㎝の若い実

群生する様子

1月
2月
3月
4月
5月
6月
7月
8月
9月
10月
11月
12月

# クサネム
【草合歓】

●科　名：マメ科クサネム属
●花　色：淡黄色
●学　名：Aeschynomene indica

秋

湿地

水田や川岸、湿地に生える。草本で、葉が樹木のネムノキに似ることが名の由来。茎は無毛でよく分枝して直立し、高さ50～100㎝になる。葉は40～60枚の小葉が密接して並んだ偶数羽状複葉で、ネムノキ同様小葉が閉じる就眠運動を行う。葉の腋に淡黄色の小さな蝶形花をつけ、花後、6～8個の節がある線形の豆果をつける。

| | |
|---|---|
| 分　類 | 1年草 |
| 草　丈 | 50～100cm |
| 花　期 | 8～10月 |
| 分　布 | 日本全土 |
| 生育地 | 田の畦、湿地、川岸 |
| 別　名 | |

葉がネムノキに似ることによる名で、ネムノキ同様夜は葉が閉じる

## 観察のポイント!

花は淡黄色の蝶形花で長さ約1㎝。上側のよく目立つ旗弁の基部に赤褐色の班点がある

葉は羽状複葉で軟らかい

若い実。長さ3～5㎝

水辺に生育する様子

秋

湿地

# アレチウリ

【荒地瓜】

◉科　名：ウリ科アレチウリ属
◉花　色：黄白色
◉学　名：Sicyos angulatus

河原や荒れ地、空き地などを一面覆っているのをよく見かける。名は「荒地に生えるウリ」の意だが、果実は数個集まって軟毛と棘（とげ）に覆われていて、とてもウリには見えない。北アメリカ原産の帰化植物で、1952年に静岡・清水港で初めて見つかり、今日ではほぼ全国に広がり、繁殖しすぎて、特定外来生物になっている。

| | |
|---|---|
| 分類 | 1年草 |
| 草丈 | 2～10m(つる性) |
| 花期 | 8～10月 |
| 分布 | ほぼ日本全土(帰化植物) |
| 生育地 | 荒れ地、河原、土手 |
| 別名 | |

巻きひげで他の植物などにつかまって、辺り一面を覆いつくすほど繁殖する

## 観察のポイント！

表面に軟毛と棘が密生して丸く見える実は、長卵形の実が数個ずつかたまってついたもの

成長の初期

黄白色の雄花

葉は円心形。浅く3～5裂する

1月
2月
3月
4月
5月
6月
7月
8月
9月
10月
11月
12月

湿地

# キクモ

【菊藻】

●科　名：ゴマノハグサ科シソクサ属
●花　色：●紅紫色
●学　名：Limnophila sessiliflora

しばしば水田の一面を覆って群生している水田雑草だが、浅い沼で群生しているのも見かける。葉には、糸状の水中葉と水上葉があって、水上葉が菊の葉に似ているので菊藻と名付けられた。「アンブリア」の名で、水槽用の水草としても知られている。茎の先の葉の腋（わき）（葉の付け根）に、小さいが目立つ紅紫色の唇形花を1つ開く。

| 分類 | 多年草 |
|---|---|
| 草丈 | 15～20cm |
| 花期 | 8～10月 |
| 分布 | 本州～沖縄 |
| 生育地 | 水田、湿地、沼地 |
| 別名 | アンブリア |

水田などに生え、細かく裂ける葉腋に紅紫色の小さな花をつける

1月 2月 3月 4月 5月 6月 7月 8月 9月 10月 11月 12月

# アブノメ

【虻の目】

●科　名：オオバコ科アブノメ属
●花　色：●淡紫色
●学　名：Dopatrium junceum

水田や湿地に生える。葉の腋につく丸い実を、昆虫のアブの目に見立てて名付けられた。別名は、柔らかな茎が中空で、空気を含んでいてつぶすとパチパチと音がすることから。狭長楕円形の葉が対生するが、上部につく葉は小さくなる。淡紫色の目立たない花が葉の腋ごとに1つずつつく。花は唇形花で、上唇は2裂、下唇は3裂する。

| 分類 | 1年草 |
|---|---|
| 草丈 | 10～25cm |
| 花期 | 8～9月 |
| 分布 | 本州（福島県以南）～沖縄 |
| 生育地 | 水田、湿地 |
| 別名 | パチパチグサ |

田や湿地に生える水田雑草の1つで、花後に丸い小さな実をつける

1月 2月 3月 4月 5月 6月 7月 8月 9月 10月 11月 12月

秋

湿地

# アキノウナギツカミ

【秋の鰻掴み】

◉科　名：タデ科タデ属
◉花　色：淡紅色
◉学　名：Persicaria sieboldii

水辺に生え、茎が地面を這い一面に広がる。休耕田などに密に生えている。四角の茎には鋭い棘(とげ)が並んでいるので、この茎を使えばヌルヌルするウナギでもつかめる、というのが名前の由来。花は枝の先に球状についている。よく似たウナギツカミは春に花を咲かせるが、本種は開花が夏から秋なので名前の頭に「アキ」が付く。

| 分　類 | 1年草 |
|---|---|
| 草　丈 | 60～100cm |
| 花　期 | 8～10月 |
| 分　布 | 北海道～九州 |
| 生育地 | 湿地、水辺 |
| 別　名 | アキノウナギヅル |

溝や水辺などの湿地に生え、茎がよく分枝して一面に広がる

## 観察のポイント！

花の上部は淡紅色で、下部は白色。枝の先に10数個集まってつき、先端が深く5裂して開く

茎に下向きの短い棘がある

葉の基部はやじり形になる

水辺に群生する様子

1月 2月 3月 4月 5月 6月 7月 8月 9月 10月 11月 12月

# ママコノシリヌグイ

**【継子の尻拭い】**

◉科　名：タデ科タデ属
◉花　色：淡紅色
◉学　名：*Persicaria senticosa*

秋

湿地

湿った草地、水辺、荒れ地、土手、林縁（りんえん）などで見かける。茎に下向きの棘（とげ）がたくさん生え、ちょっと引っかかっただけでも痛い。「この草で継子（ままこ）（親子の関係にはあるが，血のつながっていない子）の尻を拭ったらさぞかし痛がるだろう」と連想して付けられた悪名高い名前。枝先に小さな花が集まり、金平糖（こんぺいとう）のような形になって咲く。

| | |
|---|---|
| 分　類 | 1年草 |
| 草　丈 | 100～200cm（つる性） |
| 花　期 | 5～10月 |
| 分　布 | 日本全土 |
| 生育地 | 荒れ地、藪、林縁、道端、水辺 |
| 別　名 | ヨメノシリヌグイ、トゲソバ |

茎につく棘を利用して、他のものにひっかかりながら広がる

**観察のポイント！**

葉は長さ3～8㎝の三角形で先端が尖る。葉鞘は短く腎円形の葉状の部分が茎を抱く

花はかたまってつく

茎に生える棘は下向き

つる状の茎の下部が赤みを帯びる

1月
2月
3月
4月
5月
6月
7月
8月
9月
10月
11月
12月

秋

湿地

## イヌタデ

【犬蓼】

●科　名：タデ科イヌタデ属
●花　色：淡紅色、白色
●学　名：Persicaria longiseta

道端、草地、畑地、荒れ地などで見かける。本種の仲間には、葉を香辛料として利用できるものがあるのに、本種の葉は辛味がなく役に立たないために名前の頭に「イヌ」が付けられている。別名のアカマンマは、昔の子どもたちがままごと遊びをするときに、本種の花や実を赤飯（せきはん）（＝アカマンマ）に見立てて使ったため。

| | |
|---|---|
| 分　類 | 1年草 |
| 草　丈 | 20～50cm |
| 花　期 | 6～11月 |
| 分　布 | 日本全土 |
| 生育地 | 田畑、道端、野原 |
| 別　名 | アカマンマ、アカノマンマ |

1月 2月 3月 4月 5月 6月 7月 8月 9月 10月 11月 12月

赤い花穂が目立ち、身近なところでよく見る

---

## サクラタデ

【桜蓼】

●科　名：タデ科イヌタデ属
●花　色：淡紅色
●学　名：Persicaria odorata

田の畦や溝などの湿地に生える。淡紅色の花色がサクラを思わせるのが名の由来。タデの仲間の中では花の長さが5～6㎜と最も大きく、やや密について美しい。よく似ていて、白花をつけるシロバナサクラタデは、本種の白花の品種ではなく別種。サクラタデはふつう1茎に花穂（かすい）は1～2本だが、シロバナサクラタデは数本つける。

| | |
|---|---|
| 分　類 | 多年草 |
| 草　丈 | 50～100cm |
| 花　期 | 8～10月 |
| 分　布 | 本州～沖縄 |
| 生育地 | 水辺、休耕田 |
| 別　名 | |

1月 2月 3月 4月 5月 6月 7月 8月 9月 10月 11月 12月

細長い花穂にピンクの花をつける大形のタデ

# ヤナギタデ

【柳蓼】

◉科　名：タデ科イヌタデ属
◉花　色：○白色
◉学　名：Persicaria hydropiper

放棄水田、田の畦、水辺などの湿地で見かける。諺の「蓼(たで)食う虫も好き好き」（辛い蓼の葉を好んで食べる虫がいるように、人の好みはさまざまで、理解しがたい多様性をもっているもの、の意）の「蓼」はこのタデのこと。葉がヤナギの葉に似ていることが名の由来。葉に辛味があり、栽培もされていて、古くから食用に利用されている。

| 分　類 | 1年草 |
|---|---|
| 草　丈 | 40～60cm |
| 花　期 | 7～10月 |
| 分　布 | 日本全土 |
| 生育地 | 水辺、湿地、池畔 |
| 別　名 | マタデ、ホンタデ |

葉に辛みがあり、古くから食用にされる

1月 2月 3月 4月 5月 6月 7月 8月 9月 10月 11月 12月

---

# ヤノネグサ

【矢の根草】

◉科　名：タデ科イヌタデ属
◉花　色：●淡紅色、○白色
◉学　名：Persicaria muricata

浅い水辺、水田の溝、休耕田などの湿地で見かける。名は、葉の形を矢の根（＝矢尻）に見立てたもの。「根」「尻」という字があるために、「矢の後ろの、弦(つる)に矢をかける部分」と思いがちだが、そうではなく「矢の先の、突き刺さる部分」のことで、葉の形がその部分の形に似ているということ。花は枝先に10数個塊(かたまり)になってつく。

| 分　類 | 1年草 |
|---|---|
| 草　丈 | 30～50cm |
| 花　期 | 9～10月 |
| 分　布 | 北海道～九州 |
| 生育地 | 水辺、湿地 |
| 別　名 | |

水田や湿地、水辺などに多く生え、横に広がる

1月 2月 3月 4月 5月 6月 7月 8月 9月 10月 11月 12月

湿地

# コナギ

【小菜葱】

●科　名：ミズアオイ科ミズアオイ属
●花　色：●青紫色
●学　名：Monochoria vaginalis

水田、休耕田などで見かける。水田雑草の代表種の1つである。本種は、『万葉集』にも登場する水草のミズアオイに似ている。このミズアオイの古名が菜葱(なぎ)で、本種はミズアオイよりも小形なので「小菜葱」と名付けられた。9～10月ごろに水田をのぞくと、葉の下に隠れるようにして、薄紫色の花を数個つけている姿が見られる。

| | |
|---|---|
| 分　類 | 1年草 |
| 草　丈 | 5～25cm |
| 花　期 | 9～10月 |
| 分　布 | 本州～沖縄 |
| 生育地 | 水田、溝、沼地、水湿地 |
| 別　名 | ササナギ |

1月 2月 3月 4月 5月 6月 7月 8月 9月 10月 11月 12月

水田雑草。葉より低い位置で青い花が咲く

# イボクサ

【疣草】

●科　名：ツユクサ科イボクサ属
●花　色：●淡紅色
●学　名：Murdannia keisak

水田や湿地などにふつうに生える。揉んだ葉の汁をつけるとイボがとれるといわれたことが名の由来。やや多肉質で柔らかい茎は、下部で枝分かれして横に這い、上部は斜めに立ち上がり、高さ20～30㎝になる。葉は狭披針形(きょうひしんけい)で先は尖(とが)り、基部は筒状の葉鞘(ようしょう)となり茎を抱く。葉の腋(わき)に淡紅色の花をふつう1つ開き、花は1日でしぼむ。

| | |
|---|---|
| 分　類 | 1年草 |
| 草　丈 | 20～30cm |
| 花　期 | 8～10月 |
| 分　布 | 本州～沖縄 |
| 生育地 | 水田、湿地、溝、池畔 |
| 別　名 | イボトリグサ |

1月 2月 3月 4月 5月 6月 7月 8月 9月 10月 11月 12月

全体に多肉質で柔らかい感じの水田雑草

# イグサ

【藺草】

●科　名：イグサ科イグサ属
●花　色：●淡緑色
●学　名：*Juncus decipiens*

秋

湿地

短い地下茎が横に這(は)い、そこから細い茎が群がって出て株状になる。茎は円柱形で縦に溝があり、髄が詰まっていて中実。茎の下部に紫褐色で光沢のある鱗片葉(りんぺんよう)が数枚つく以外は、葉は見当たらない。茎の先に小さな花が多数つくが、茎と同じ形の苞葉が花穂の上に伸びるので、花序が茎の途中に横向きについているように見える。

| | |
|---|---|
| 分　類 | 多年草 |
| 草　丈 | 25～100cm |
| 花　期 | 6～10月 |
| 分　布 | 日本全土 |
| 生育地 | 水田、湿地 |
| 別　名 | イ、トウシンソウ |

茎を切ると新しい畳表のような香りがする

**観察のポイント！**

花序の上に伸びている苞葉が茎と同じ形なので、花が茎の途中についているように見える

1つの花序に2～5個の花がつく

株元の様子

丸い実が多数つく

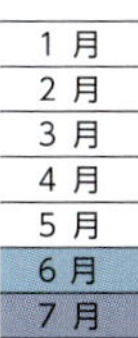

1月
2月
3月
4月
5月
6月
7月
8月
9月
10月
11月
12月

秋

湿地

| 1月 |
| --- |
| 2月 |
| 3月 |
| 4月 |
| 5月 |
| 6月 |
| 7月 |
| 8月 |
| 9月 |
| 10月 |
| 11月 |
| 12月 |

## カンガレイ

【寒枯藺】

名の由来は、「冬になっても枯れた茎が残る藺（いぐさ）」の意味。地中に短い根茎があり、群がって生え群落をつくることがある。茎は三角形で、高さ50～120㎝になる。葉は退化して葉鞘（ようしょう）だけになっている。茎の先は尖（とが）った三角形で茎の延長のように見えるが、これは苞（ほう）で、茎は小穂（しょうすい）のついているところまで。小穂は5～20個が球状に集まってつく。

| | |
| --- | --- |
| 分　類 | 多年草 |
| 草　丈 | 50～120cm |
| 花　期 | 8～10月 |
| 分　布 | 日本全土 |
| 生育地 | 湿地、沼地、河川敷 |
| 別　名 | |

◉科　名：カヤツリグサ科ホタルイ属
◉花　色：淡緑色
◉学　名：Schoenoplectiella triangulata

大きな株をつくり、金平糖のような花をつける

| 1月 |
| --- |
| 2月 |
| 3月 |
| 4月 |
| 5月 |
| 6月 |
| 7月 |
| 8月 |
| 9月 |
| 10月 |
| 11月 |
| 12月 |

## サンカクイ

【三角藺】

池や沼の水の中や、湿地や水辺に群生しているのを見かける。名前の由来は、草姿が畳表（たたみおもて）にする藺（い）に似ていて、茎の断面が三角形だから。よく似たカンガレイ（上欄）は、小穂が球状に集まってつくので区別できる。茎の先に卵形の小穂が2～3個ずつつく。小穂の上の尖った茎のような部分は、葉が変化した苞で、茎ではない。

| | |
| --- | --- |
| 分　類 | 多年草 |
| 草　丈 | 50～120cm |
| 花　期 | 7～10月 |
| 分　布 | 日本全土 |
| 生育地 | 湿地、沼地、河川敷 |
| 別　名 | サギノシリサシ |

◉科　名：カヤツリグサ科ホタルイ属
◉花　色：さび褐色
◉学　名：Schoenoplectus triqueter

三角形の茎の先に小穂が垂れ下がってつく

# ウシクグ

**【牛莎草】**

◉科　名：カヤツリグサ科カヤツリグサ属
◉花　色：●紫褐色
◉学　名：Cyperus orthostachyus

田の畦や荒れ地などの湿ったところに生え、茎や葉を揉むとレモンのような香りがする。三角柱状の太い茎が立ち上がり、高さ20～70㎝になる。根元から出る線形の葉は茎より長い。茎の先に葉のような長い苞葉を数枚つけ、その間から長さが異なる枝を5～7本、線香花火のように出して紫褐色を帯びた小穂を穂状につける。

| | |
|---|---|
| 分　類 | 1年草 |
| 草　丈 | 20～70cm |
| 花　期 | 8～10月 |
| 分　布 | 北海道～九州 |
| 生育地 | 田の畦、湿った荒れ地、休耕田 |
| 別　名 | |

葉は茎より長く、花序は長い柄をもつ

1月 2月 3月 4月 5月 6月 7月 8月 9月 10月 11月 12月

# タマガヤツリ

**【球蚊帳吊】**

◉科　名：カヤツリグサ科カヤツリグサ属
◉花　色：●緑色～●紫黒色
◉学　名：Cyperus difformis

沼や田の畦、溝の縁など、湿地にふつうに生えている。カヤツリグサの仲間で、花穂が球状であることが名の由来。三角状の太い茎は柔らかく高さ15～40㎝になり、基部に数枚の線形の葉をつける。茎の先に葉と同じ形の苞葉をつけ、その間から枝を出し、枝の先に小穂が球状に集まった花穂をつける。花穂は直径約1㎝で、何個もつく。

| | |
|---|---|
| 分　類 | 1年草 |
| 草　丈 | 15～40cm |
| 花　期 | 8～10月 |
| 分　布 | 日本全土 |
| 生育地 | 田の畔、沼や溝の脇、湿地、休耕田 |
| 別　名 | |

球状に集まる小穂をつけるカヤツリグサの仲間

1月 2月 3月 4月 5月 6月 7月 8月 9月 10月 11月 12月

湿地

# ヒメクグ

【姫莎草】

●科　名：カヤツリグサ科カヤツリグサ（ヒメクグ）属
●花　色：●緑色
●学　名：Cyperus brevifolius var. leiolepis

クグはカヤツリクサの仲間の古い呼び名で、全体に小形であることが名の由来。田の畦（あぜ）や道端などの湿ったところに生える。長く伸ばした根茎から細い三角状の茎を立ち上げ、茎の基部に、光沢がある柔らかな線形の葉をつける。茎の先に2、3枚の葉のような苞葉がつき、その間に直径7～10㎜の緑色の球形の穂をふつう１つ付ける。

| | |
|---|---|
| 分　類 | 多年草 |
| 草　丈 | 10～30cm |
| 花　期 | 7～10月 |
| 分　布 | 日本全土 |
| 生育地 | 田の畦、湿った空き地 |
| 別　名 | |

1月
2月
3月
4月
5月
6月
7月
8月
9月
10月
11月
12月

茎の先に緑色の小さな球形の花序が１つ付く

---

# ヒンジガヤツリ

【品字蚊帳吊】

●科　名：カヤツリグサ科ヒンジガヤツリ属
●花　色：●緑褐色
●学　名：Lipocarpha microcephala

田んぼ、川岸、湿り気のある道端などで見かける。卵形の小穂（しょうすい）を固まってつける水田の雑草である。名前は、全体がカヤツリグサ（P.230）に似ているので、名前の半分を「ガヤツリ」として、もう半分を、茎につく３つの小穂がつくる形が、漢字の「品」に似ているので、「品の字→ヒンジ」として、ヒンジガヤツリという名前になった。

| | |
|---|---|
| 分　類 | １年草 |
| 草　丈 | 5～30cm |
| 花　期 | 8～10月 |
| 分　布 | 本州～沖縄 |
| 生育地 | 田の畦、休耕田 |
| 別　名 | |

1月
2月
3月
4月
5月
6月
7月
8月
9月
10月
11月
12月

小穂が３つ集まって「品」の字の形になる

# マツカサススキ

【松毬薄】

◉科　名：カヤツリグサ科アブラガヤ属
◉花　色：●褐色
◉学　名：Scirpus mitsukurianus

休耕田などの湿地に生え、高さ100～150㎝にもなる。ススキのような草姿で、球状に集まった花穂を松かさに見立てて名付けられた。茎は太くて堅い三角状で、光沢のある線形の葉が長い鞘（さや）になって茎をぴったりと包んでいる。茎の先や上部の葉の腋に、小穂が球状に集まった花穂をつける。小穂は熟すと緑色から茶色に変わる。

| | |
|---|---|
| 分　類 | 多年草 |
| 草　丈 | 100～150cm |
| 花　期 | 8～10月 |
| 分　布 | 本州～九州 |
| 生育地 | 休耕田、沼地、湿地、水辺 |
| 別　名 | |

すっと茎を立て、日当たりのよい湿地に生える

1月 2月 3月 4月 5月 6月 7月 8月 9月 10月 11月 12月

# ヒデリコ

【日照子】

◉科　名：カヤツリグサ科テンツキ属
◉花　色：●赤褐色
◉学　名：Fimbristylis littoralis

田の畦や湿った草地でごくふつうに見られる。名のコは苗という意味で、夏の日照りにも負けずに繁茂するのが名の由来。全体に無毛で、扁平な茎は直立して高さ10～60㎝になる。アヤメのような剣形の葉が、左右2列に並んで扇形につくのが特徴。夏～秋に、茎の先に数回、分枝する数本の枝を出し、赤褐色の球状の小穂を多数つける。

| | |
|---|---|
| 分　類 | 1年草 |
| 草　丈 | 10～60m |
| 花　期 | 7～10月 |
| 分　布 | 本州～沖縄 |
| 生育地 | 水田、田の畦、湿地、川岸 |
| 別　名 | |

アヤメに似た剣状の葉と球形の小穂が特徴

1月 2月 3月 4月 5月 6月 7月 8月 9月 10月 11月 12月

湿地

## スス キ
【芒、薄】

●科　名：イネ科ススキ属
●花　色：黄褐色、紫褐色
●学　名：Miscanthus sinensis

道端、草地、河川敷、荒れ地、野山のやや乾いた所、草原などで見かける。秋の七草の１つ。初秋から冬にかけて若い穂、銀色の穂、枯れ薄と姿を変えて私たちを惹きつける。かつては「カヤ」とも呼ばれ、屋根を葺く材料に使われた。風に揺れる姿が獣の尻尾に似ていることから尾花の古名がある。十五夜のお月見にも欠かせない。

| | |
|---|---|
| 分　類 | 多年草 |
| 草　丈 | 100～200cm |
| 花　期 | 8～10月 |
| 分　布 | 日本全土 |
| 生育地 | 草地、土手、道端 |
| 別　名 | カヤ、オバナ |

1月 2月 3月 4月 5月 6月 7月 8月 9月 10月 11月 12月

秋の七草の一つで、尾花の名で歌にも詠まれる

## オギ
【荻】

●科　名：イネ科ススキ属
●花　色：淡黄褐色
●学　名：Miscanthus sacchariflorus

池や沼の水辺、河原などで見かける。『万葉集』や『源氏物語』にも登場する。乾燥する場所を好むススキに対して、湿った場所でよく見かける。ススキとの違いを見分けるポイントは、本種のほうが大きいこと、芒（針のような毛）がないこと、株立ちせずに１本ずつ生えていること、そして茎の下部の葉が少ないことなどである。

| | |
|---|---|
| 分　類 | 多年草 |
| 草　丈 | 100～250cm |
| 花　期 | 9～10月 |
| 分　布 | 北海道～九州 |
| 生育地 | 湿地、沼地、河川敷 |
| 別　名 | オギヨシ |

1月 2月 3月 4月 5月 6月 7月 8月 9月 10月 11月 12月

大形で花穂はススキより白くふさふさしている

# ヨシ

【葦、蘆、葭】

●科　名：イネ科ヨシ属
●花　色：淡紫褐色
●学　名：*Phragmites australis*

秋

湿地

池や沼などの水辺、川岸などで見かける。もともとの名はアシで、「青し」に由来するなどの説があるが、アシは「悪(あ)し」に通じるので、対語のヨシの名が一般的。茎は葦簀(よしず)や簾(すだれ)などに利用され、『万葉集』にも多く詠まれている。ススキと比べると葉は短いが丈は高い。川沿いを一面に埋め尽くすような大群落をつくることもある。

| | |
|---|---|
| 分　類 | 多年草 |
| 草　丈 | 150～300cm |
| 花　期 | 8～10月 |
| 分　布 | 日本全土 |
| 生育地 | 池沼、川岸、湿原 |
| 別　名 | アシ |

**観察のポイント！**

円錐状に多数の小穂が密につく。小穂は淡紫色を帯びているが、次第に褐色になる

大群落をつくり、円錐状の大きな花序に紫褐色の小穂が多数つく

早春の発芽

春の様子

秋。結実期は白い絹毛が目立つ

1月
2月
3月
4月
5月
6月
7月
8月
9月
10月
11月
12月

海辺の町

# オカヒジキ

**【陸鹿尾菜】**

◉科　名：ヒユ科オカヒジキ属
◉花　色：淡緑色
◉学　名：*Salsola komarovii*

全体の姿が海藻のヒジキに似ているのが名の由来。海岸の砂地に生えるが、本種の若い葉や茎を食用にするので、栽培もされている。全体に無毛で、茎は下部から分枝して横に這って広がる。葉は肉質の線状円柱形で、先が小さい棘になり互生する。葉の腋に、淡緑色の小さな花がふつう１つずつ開き、５本の雄しべの黄色い葯（やく）が目立つ。

| 分　類 | １年草 |
|---|---|
| 草　丈 | 10～40cm |
| 花　期 | 7～10月 |
| 分　布 | 日本全土 |
| 生育地 | 海岸の砂地 |
| 別　名 | ミルナ |

海岸の砂地に生える。若い茎や葉を食用にするので栽培もされる

**観察のポイント！**

淡緑色の花が葉腋に1つずつつく。花の下に葉のような苞葉があるため花びらが目立たない

**スープ**：若い茎葉を茹で、細切りのニンジン、鶏のささ身とともにコンソメスープで煮る

葉は多肉質の円柱形で先が尖る

茎が分枝して広がる

茎の上部は立ち上がる

# ツワブキ

**【石蕗】**

◉科　名：キク科ツワブキ属
◉花　色：黄色
◉学　名：*Farfugium japonicum*

秋

海辺の町

海辺の林縁、海岸の岩の上、崖、庭、花壇などで見かける。花が少ない初冬に見事な花を咲かせるので、庭に植えられているが、海辺の植物である。光沢のある厚い葉は、潮風や乾燥に耐えるのに役立つ。フキに似ていて、光沢・ツヤのある葉をつけるのでツヤブキ、転訛してツワブキになったといわれている。

| 分　類 | 多年草 |
|---|---|
| 草　丈 | 15～75cm |
| 花　期 | 10～12月 |
| 分　布 | 本州(東北地方南部以西)～沖縄 |
| 生育地 | 海岸付近の草原、崖、林縁 |
| 別　名 | ツヤブキ、イシブキ |

艶のある常緑の葉と黄色の花が美しいので、庭にも植えられる

**観察のポイント!**

花は直径5㎝ほどで、まばらに分枝した花茎の先につく。10～13枚の舌状花が1列に並ぶ

**醤油漬け:**若い葉柄を熱湯にくぐらせて皮をむき、水にさらす。一口大に切り、醤油と酒を混ぜた液に1時間ほど漬ける

若い葉は綿毛をかぶっている

実は冠毛がある

海岸の岩地などに多い

秋

# イソギク
**【磯菊】**

◉科　名：キク科キク属
◉花　色：●黄色
◉学　名：Chrysanthemum pacificum

海辺の岩石海岸、海岸の崖地、花壇、庭などで見かける。日本の固有種で、海岸の崖地などに群生しているので、磯菊と名付けられた。江戸時代から庭に植えられて観賞されている。花は鮮やかな黄色の筒状花が多数集まって上を向いて咲く。葉は密につき、葉の裏側は毛が密生して銀白色。葉の縁は白く縁どられていて美しい。

| 分　類 | 多年草 |
|---|---|
| 草　丈 | 20～40cm |
| 花　期 | 10～12月 |
| 分　布 | 千葉県～静岡県、伊豆諸島 |
| 生育地 | 海岸の岩場 |
| 別　名 | キラクサ |

海岸の岩場に生えるが、庭に植えられ、菊人形の着物にも使われる

**観察のポイント!**

葉は倒披針形～倒卵形で上半分がやや浅く裂ける。深緑色で白く縁どられる

葉裏は白毛が密生して銀白色

花は筒状花のみ

舌状花のあるハナイソギク

1月
2月
3月
4月
5月
6月
7月
8月
9月
10月
11月
12月

# ハマギク

【浜菊】

◉科　名：キク科ハマギク属
◉花　色：○白色
◉学　名：Nipponanthemum nipponicum

青森県から茨城県までの太平洋海岸、花壇、庭などで見かける。日本原産で、英名をニッポンデージーという。野生ギクのなかでは最も大きな花を咲かせる。葉が肉厚で光沢がある、という海辺の植物の特徴を持っている。ツヤのある葉と、白い端正な花が美しく、栽培も容易なことから、江戸初期から観賞用に栽培されている。

| | |
|---|---|
| 分　類 | 多年草 |
| 草　丈 | 50～100cm |
| 花　期 | 9～11月 |
| 分　布 | 本州（青森県～茨城県の太平洋岸） |
| 生育地 | 海岸の岩場、砂浜 |
| 別　名 | |

花が大きく美しいので、古くから栽培される

1月
2月
3月
4月
5月
6月
7月
8月
9月
10月
11月
12月

# コハマギク

【小浜菊】

◉科　名：キク科キク属
◉花　色：○白色
◉学　名：Chrysanthemum yezoense

北海道～茨城県の太平洋側の海岸の岩場などに生える。ハマギク（上欄）より全体的に小形で、地下茎を横に長く伸ばしてふえる。茎の上部は紫色を帯びて軟毛があり、広卵形の葉が互生する。葉は羽状に裂け、長さ幅とも1～4㎝で、根生葉と下部の葉は長い柄がある。花は直径4～5㎝でハマギクより小さく、白い舌状花の数も少ない。

| | |
|---|---|
| 分　類 | 多年草 |
| 草　丈 | 10～50cm |
| 花　期 | 9～11月 |
| 分　布 | 北海道、本州（茨城県以北の主に太平洋側） |
| 生育地 | 海岸の岩場、草地 |
| 別　名 | |

太平洋側の海岸に生え、ハマギクより小形

1月
2月
3月
4月
5月
6月
7月
8月
9月
10月
11月
12月

# ノジギク

**【野路菊】**

●科　名：キク科キク属
●花　色：○白色
●学　名：Chrysanthemum japonense

海辺の崖や岩上などで群れて生えているのを見かける。名は、「野の道端に生えるキク」の意。発見者の牧野富太郎博士によって名付けられた。ちなみに、牧野富太郎博士は本種のことを「園芸菊の原種である」と言っているが、まことに見事な美しい野菊である。栽培種のコギクのような雰囲気があるため、観賞用に植栽されている。

|  |  |
|---|---|
| 分　類 | 多年草 |
| 草　丈 | 60～90cm |
| 花　期 | 10～11月 |
| 分　布 | 四国、九州の東海岸 |
| 生育地 | 海岸の崖 |
| 別　名 | |

1月 2月 3月 4月 5月 6月 7月 8月 9月 10月 11月 12月

頭花の白い舌状花は後に淡紅色を帯びる

# アシズリノジギク

**【足摺野路菊】**

●科　名：キク科キク属
●花　色：○白色
●学　名：Chrysanthemum japonense

ノジギク（上欄）の変種で、高知県と愛媛県の海岸近くに分布し、足摺岬（あしずりみさき）に因んで名付けられた。全体に小形で、3つに中裂する葉は切れ込みが少なく、ノジギクより小さいが厚みがある。葉の縁に短い毛が密生して白く縁どられるのが特徴。枝の先につく頭花もノジギクよりやや小形だが、多数つき、白い舌状花が後に淡紅色に変わる。

|  |  |
|---|---|
| 分　類 | 多年草 |
| 草　丈 | 60～90cm |
| 花　期 | 10～12月 |
| 分　布 | 四国（高知県・愛媛県） |
| 生育地 | 海岸の崖 |
| 別　名 | |

1月 2月 3月 4月 5月 6月 7月 8月 9月 10月 11月 12月

ノジギクの変種。葉の縁が覆輪状に見える

# シロヨモギ

【白蓬】

●科　名：キク科ヨモギ属
●花　色：○白色
●学　名：Artemisia stelleriana

北の海岸の砂浜で見かける。新潟県・茨城県以北、北海道に分布。ヨモギ（P.209）の仲間で、全体が雪のように白い綿毛に覆われているのが名前の由来。砂浜の海側ではなく、陸側の砂の移動の少ない所では各種の植物が生育していて、本種はその中の１つ。温帯から寒帯の砂浜に生える種で、オホーツク海沿岸に広く分布している。

| 分　類 | 多年草 |
|---|---|
| 草　丈 | 30～60cm |
| 花　期 | 8～10月 |
| 分　布 | 北海道、本州の茨城県、新潟県以北 |
| 生育地 | 海岸の砂地 |
| 別　名 | |

全体が白い毛に覆われて雪のように美しい

1月 2月 3月 4月 5月 6月 7月 8月 9月 10月 11月 12月

---

# フクド

●科　名：キク科ヨモギ属
●花　色：●黄色
●学　名：Artemisia fukudo

海に注ぐ河口の泥地の、潮が満ちると海水に浸かるようなところや、海岸の砂地に群生する。全体に白緑色を帯び、葉を揉むとメロンのようなよい香りがする。直立した茎は上方でよく分枝して円錐状になり、羽状に深く裂けた葉が互生する。筒状花だけの小さな頭花が、上部の側枝に下向きに多数つく。花を咲かせると茎が枯れる。

| 分　類 | 多年草 |
|---|---|
| 草　丈 | 30～90cm |
| 花　期 | 9～10月 |
| 分　布 | 本州（近畿地方）～九州 |
| 生育地 | 海岸の河口の泥地 |
| 別　名 | ハマヨモギ |

花は、よく分枝する側枝に円錐状につく

1月 2月 3月 4月 5月 6月 7月 8月 9月 10月 11月 12月

海辺の町

# ワダン

【海菜】

●科　名：キク科アゼトウナ属
●花　色：黄色
●学　名：Crepidiastrum platyphyllum

海岸の岩場や砂地に生え、茎や葉を切ると白い乳液が出る。太く短い茎の先に根生葉（こんせいよう）をロゼット状につける。根生葉は倒卵形で大きくて柔らかい。根生葉の間から数本の細い側枝を放射状に出して、先端に黄色い頭花を密集してつける。頭花は直径1㎝ほどで、舌状花だけがふつう5枚つく。花を咲かせた株は枯れる。「ワダン」は海の意。

| | |
|---|---|
| 分　類 | 多年草 |
| 草　丈 | 30～60cm |
| 花　期 | 9～11月 |
| 分　布 | 本州（千葉、神奈川、静岡、伊豆七島） |
| 生育地 | 海岸の岩場、礫地 |
| 別　名 | |

1月 2月 3月 4月 5月 6月 7月 8月 9月 10月 11月 12月

海岸の崖地に生え、茎や葉を切ると白汁が出る

# ホソバワダン

【細葉海菜】

●科　名：キク科アゼトウナ属
●花　色：黄色
●学　名：Crepidiastrum lanceolatum

西日本の海岸の岩場などに生える。太く短い茎の先に根生葉をロゼット状につける姿はワダン（上欄）によく似ているが、根生葉がさじ状長楕円形で幅が狭く、葉柄も細い。根生葉の葉腋（ようえき）から高さ20～30㎝になる側枝を出し、黄色の頭花をつける。頭花の舌状花は8枚以上あるが、ワダンに比べて舌状花の幅が狭い。舌状花の先は5裂する。

| | |
|---|---|
| 分　類 | 多年草 |
| 草　丈 | 20～30cm |
| 花　期 | 10～11月 |
| 分　布 | 本州（島根、山口の日本海側）～沖縄 |
| 生育地 | 海岸の岩場、礫地 |
| 別　名 | ンギャナ |

1月 2月 3月 4月 5月 6月 7月 8月 9月 10月 11月 12月

ワダンより、根生葉も茎葉も葉の幅が狭い

# ハマナデシコ

【浜撫子】

●科　名：ナデシコ科ナデシコ属
●花　色：●紅紫色
●学　名：Dianthus japonicus

秋

海岸の岩場や草地で見かけるが、庭にも植栽されている。名前は「浜辺に生えるナデシコ」の意。花色が藤色に近い紅紫色なので、フジナデシコ（藤撫子）の別名もある。海辺の植物の多くは、「光沢がある厚い葉」「下部で木質化する茎」という特徴を備えているが、本種も同様である。１茎に咲く花が多く、密集している。

| | |
|---|---|
| 分　類 | 多年草 |
| 草　丈 | 15～50cm |
| 花　期 | 7～10月 |
| 分　布 | 本州～沖縄 |
| 生育地 | 海岸の岩場、礫地、草地 |
| 別　名 | フジナデシコ |

**観察のポイント！**

花は紅紫色で直径1.5～2㎝。５枚の花弁の先が細かいギザギザになる。雄しべは10本

日差しの強い海辺に適応するように、厚くて光沢のある葉が特徴

晩秋の芽生え

葉は卵形～長楕円形

枝先に密集してつく花

1月
2月
3月
4月
5月
6月
7月
8月
9月
10月
11月
12月

秋

海辺の町

# アッケシソウ

【厚岸草】

●科　名：アカザ科アッケシソウ属
●花　色：●淡緑色、●紅色
●学　名：Salicornia perennans

名は、北海道厚岸（あっけし）の牡蠣島（かきじま）で発見されたことに因んだもの。塩生（えんせい）植物の一つで、海水をかぶるような海岸の砂地に群生し、緑色の茎が秋になると真っ赤に色づいて美しい。節の多い円柱形で多肉質の茎が直立し、節から多数の枝が対生してつく。葉は退化して小さな鱗片状（りんぺんじょう）になり、茎の先の節にごく小さな花が3つずつ咲く。

| | |
|---|---|
| 分　類 | 1年草 |
| 草　丈 | 10～35cm |
| 花　期 | 8～9月 |
| 分　布 | 北海道、本州（宮城県）、四国 |
| 生育地 | 海岸の湿地 |
| 別　名 | サンゴソウ、ヤチサンゴ |

1月
2月
3月
4月
5月
6月
7月
8月
9月
10月
11月
12月

秋になると多肉質の茎がサンゴのように赤く色づく

# ソナレムグラ

【磯馴葎】

●科　名：アカネ科フタバムグラ属
●花　色：○白色
●学　名：Hedyotis strigulosa var. parvifolia

海岸の岩場の割れ目に根を張り、よく分枝して岩上に広がる。名のソナレは海岸に生えることを意味し、光沢のある肉厚の葉をつけた海浜植物らしい姿をしている。全体に無毛。高さ5～20cmになり、長卵形または倒卵形の葉が対生する。茎の先や葉の腋に小さな白い花がつく。花は筒状で先が4裂して開き、内側に細かい毛が生えている。

| | |
|---|---|
| 分　類 | 多年草 |
| 草　丈 | 5～20cm |
| 花　期 | 8～11月 |
| 分　布 | 本州（千葉県以西）～沖縄 |
| 生育地 | 海岸の岩場 |
| 別　名 | |

1月
2月
3月
4月
5月
6月
7月
8月
9月
10月
11月
12月

多肉質で、茎の基部が倒れているものが多い

# 逃げ出した園芸種&シダ類

近年、よく目にするようになった
庭や栽培地などから逃げ出して街で野生化している
代表的な園芸種&シダ類を収録しています。

●逃げ出した園芸種

## ハナニラ 毒草

【花韮】

●科　名：ネギ科ハナニラ属
●花　色：●藤青色、○白色
●学　名：Ipheion uniflorum

アルゼンチン原産の帰化植物。繁殖力が旺盛で栽培していたものが逃げ出して、道端や草地などに野生化している。花が美しく全体にニラ臭があるのが名の由来。柔らかい線形の葉が1茎に数枚つき、花茎の先に星形に開く花を1つつける。在来種のアマナ（P.81）に似ているが、アマナは葉が1茎に2枚で、ニラ臭がないので区別できる。

| | |
|---|---|
| 分　類 | 多年草 |
| 草　丈 | 5～15cm |
| 花　期 | 3～4月 |
| 分　布 | 本州～九州（帰化植物） |
| 生育地 | 道端、芝地、野原 |
| 別　名 | イフェイオン |

星形の花を開き、葉を傷つけるとニラ臭がある

## オキザリス・ペスカプラエ

●科　名：カタバミ科カタバミ属
●花　色：●黄色
●学　名：Oxalis pes-caprae

南アフリカ原産のカタバミの仲間で、明治時代の中頃に観賞用に渡来したが、近年は野生化して人家の周りや道端などでも見られる。地上茎はなく、3枚の小葉をつけた葉はすべて根生し、小葉に紫褐色の斑点が散らばっている。直径1.5～3㎝の黄色い5弁花を花茎の先に1～6個つけ、春に開花する。オオキバナカタバミの名もある。

| | |
|---|---|
| 分　類 | 多年草 |
| 草　丈 | 15～30cm |
| 花　期 | 3～4月 |
| 分　布 | 本州中部以南（帰化植物） |
| 生育地 | 市街地、道端 |
| 別　名 | オオキバナカタバミ、オキザリス・セルヌア |

カタバミの仲間で、球根がよくふえて生育旺盛

# ツタバウンラン
**【蔦葉海蘭】**

◉科　名：オオバコ科ツタバウンラン属
◉花　色：○白色〜●淡青紫色
◉学　名：Cymbalaria muralis

春

市街地

道端、空き地、石垣などで見かける。ツタ(蔦)のような葉をしていてウンラン(海岸の砂地に生え、夏に花を咲かせる)に似た花を咲かせるのでこの名前が付けられた。地中海沿岸原産で、大正時代に渡来。強健で栽培が容易。明るい日影を好む。真夏の日差しでは、葉がやや焼ける。こぼれ種でどんどん増える。花は霜の降りる頃まで咲く。

| 分　類 | 多年草 |
|---|---|
| 草　丈 | 3～5cm |
| 花　期 | 5～11月 |
| 分　布 | 北海道～四国(帰化植物) |
| 生育地 | 道端、石垣の隙間、小川の岸辺 |
| 別　名 | ツタガラクサ |

こぼれたタネからもふえ、
小さな花を次々と絶え間なく咲かせる

**観察のポイント!**

花は唇形花で暗紫色のすじがあり、長さ7～9㎜。下唇に黄色いふくらみが2つある

葉は掌状に浅く裂ける

茎が這いながら広がる

球形の実は下垂する

1月
2月
3月
4月
5月
6月
7月
8月
9月
10月
11月
12月

# ビオラ・ソロリア

◉科　名：スミレ科スミレ属
◉花　色：●紫色
◉学　名：Viola papilionacea

北アメリカ原産。観賞用に導入されたが、性質が強く繁殖力も旺盛で、特に都市周辺の石垣や野原、道端、林縁などに野生化している。ワサビのような太い地下茎をもち、日本のスミレサイシンに似ているところから、アメリカスミレサイシンの名もある。先が尖った円心形の大きな葉も特徴で、花はふつう紫色で、距が太く短い。

| | |
|---|---|
| 分　類 | 多年草 |
| 草　丈 | 10～20cm |
| 花　期 | 3～5月 |
| 分　布 | 北海道～四国(帰化植物) |
| 生育地 | 道端、石垣、空き地、林縁 |
| 別　名 | アメリカスミレサイシン |

人家の周りや道端、空き地などに野生化してよく見かける

### 観察のポイント!

つやつやと光沢がある大きなハート形の葉が特徴。葉の先は尖り、縁に細かい鋸歯がある

側弁の基部に白い毛がある

純白の“スノー・プリンセス”

空き地に生えている様子

# オランダガラシ

**【和蘭辛子】**

◉科　名：アブラナ科オランダガラシ属
◉花　色：○白色
◉学　名：Nasturtium officinale

春

湿地

小川や池などに一面に生えているのを見かける。無毛で軟らかな水生植物。名前の「オランダ」は「外来」の意味に使われていて、食べると辛みがあることから、「外国から来たカラシ」が名の由来。クレソンの名で知られ、明治時代に洋食の普及とともに渡来したものが野生化し、現在では各地の水辺などに群生している。

| 分　類 | 多年草 |
|---|---|
| 草　丈 | 30～50cm |
| 花　期 | 4～6月 |
| 分　布 | 日本全土（帰化植物） |
| 生育地 | 清流中、水辺 |
| 別　名 | クレソン、ミズガラシ |

**観察のポイント！**

実は細長い形で、長さ1㎝ほどの柄の先に弓形に曲がってつき、熟すと下から縦に裂ける

清流の中や水辺に生育している水生植物で、クレソンの名で有名

食用にする若い葉

水中で生育する様子

花は花弁が4枚で雄しべ6本

# ムラサキツユクサ
【紫露草】

●科　名：ツユクサ科ムラサキツユクサ属
●花　色：●青紫色
●学　名：Tradescantia × andersoniana

道端、空き地、庭、鉢植えで見かける。名前は花がツユクサ (P.123) に似ているため。高さ50cmほどで花の小さいムラサキツユクサと、高さ1mほどで花が大きめで、色数が豊富なオオムラサキツユクサがある。北アメリカ原産で、明治初年に観賞用に渡来し、各地に野生化している。半日花で早朝に開き午後にはしぼむが、夏中次々と咲く。

| | |
|---|---|
| 分　類 | 多年草 |
| 草　丈 | 30～80cm |
| 花　期 | 6～7月 |
| 分　布 | ほぼ日本全土(帰化植物) |
| 生育地 | 道端、空き地、草地 |
| 別　名 | トラデスカンチア |

ツユクサと違って3枚の花弁は同じ大きさ



# デロスペルマ・クーペリー

●科　名：ハマミズナ科ランプランサス属、デロスペルマ属
●花　色：●紅紫色
●学　名：Delosperma cooperi

花壇や庭などで見かける。グランドカバーによく利用されている。花壇などで栽培されるマツバギクに似ていて、耐寒性が強いことから耐寒マツバギクとも呼ばれている。耐寒温度は−30℃程度。マツバギクは春に咲くが、本種は春から秋まで咲いている。乾燥と日光を好む。花は日中だけ開き、夜や曇天では閉じる開閉運動を繰り返す。

| | |
|---|---|
| 分　類 | 多年草 |
| 草　丈 | 10～20cm |
| 花　期 | 4～11月 |
| 分　布 | 長野県、関東以西(帰化植物) |
| 生育地 | 道端、石垣 |
| 別　名 | 耐寒マツバギク |

石垣などから垂れ下がって秋遅くまで咲く

# ゼニアオイ

【銭葵】

●科　名：アオイ科ゼニアオイ属
●花　色：●赤紫色
●学　名：Malva sylvestris subsp. mauritiana

庭、空き地、道端などで見かける。名前は、花の形を銭に見立てたためと言われている。ヨーロッパ原産で、江戸時代に渡来。園芸的な改良があまりなされなかったため、派手さはないが、野趣に富んだ風情がある。こぼれダネでふえるので、毎年同じ場所で咲くことが多い。淡紫色で濃い紫色のすじが入った5弁花を数個つける。

| | |
|---|---|
| 分　類 | 多年草 |
| 草　丈 | 60～90cm |
| 花　期 | 6～8月 |
| 分　布 | 日本全土(帰化植物) |
| 生育地 | 道端、空き地、河川敷、荒れ地 |
| 別　名 | コアオイ |

**観察のポイント！**

淡紅紫色の花は直径2.5㎝ほど。花弁は5枚あり、濃紫色のすじが入ってよく目立つ

無毛の茎は直立して高さ60～90cmになる

冬の発芽

葉は掌状に浅く裂ける

未熟な実

夏

市街地

# オシロイバナ 毒草

【白粉花】

●科　名：オシロイバナ科オシロイバナ属
●花　色：●赤、●桃、●黄、●橙、○白、複色
●学　名：Mirabilis jalapa

道端、庭周辺、空き地、線路沿いなどで見かける。黒色の果実を割ると、中に白粉（おしろい）のような粉がつまっているので、この名前が付いた。英名は「フォー・オクロック」。これは夕方の4時ごろに花を咲かせ始めることから名付けられたもの。強い香りを放ちながら花を咲かせるために、少し離れたところにいても、その存在がわかる。

| | |
|---|---|
| 分　類 | 多年草 |
| 草　丈 | 30～100cm |
| 花　期 | 6～10月 |
| 分　布 | 北海道～九州（帰化植物） |
| 生育地 | 道端、空き地、河川敷、荒れ地 |
| 別　名 | ユウゲショウ |

**観察のポイント！**

黒い実を割ると、おしろいのような白い粉がでる。この粉を顔につけて子どもたちが遊んだ

日が沈む少し前に芳香を放って花を開き、翌日朝にしぼむ

花弁に見えるのは萼片

葉は薄い卵形

空き地に野生化するほど丈夫

# クロコスミア

●科　名：アヤメ科クロコスミア属
●花　色：赤、黄、橙、複色
●学　名：Crocosmia x crocosmiiflora

人家の周り、庭、草地、藪の中などで見かける。ヨーロッパで交配されてつくられた園芸植物。明治時代に観賞用に渡来したが、繁殖力が強く、庭や花壇から逃げ出したものが野生化し、群落をつくっている。別名のヒメヒオウギズイセン（姫檜扇水仙）は、葉のつき方がヒオウギに似ているから名付けられた。朱色の花が夏を感じさせる。

| | |
|---|---|
| 分　類 | 多年草 |
| 草　丈 | 40～150cm |
| 花　期 | 6～8月 |
| 分　布 | 関東以西（帰化植物） |
| 生育地 | 道端、空き地、荒れ地 |
| 別　名 | ヒメヒオウギズイセン、モントブレチア |

強健で、鮮やかな花色が人目を引き、次々と開く



# ビロードモウズイカ

毒草

【天鵞絨毛蕊花】

●科　名：ゴマノハグサ科モウズイカ属
●花　色：黄色
●学　名：Verbascum thapsus

河原、空き地、海辺などで見かける。地中海沿岸原産で明治時代に観賞用に導入された。草丈が100～200cm前後もあり、長さ30cmにもなる大きな葉を付けているのでその存在感に圧倒される。全体が白っぽい毛で覆われ、ビロードのような感じで、雄蕊（おしべ）にも毛が生えているのでこの名前（毛蕊花（もうずいか））になった。今ではほぼ全国に野生化している。

| | |
|---|---|
| 分　類 | 2年草 |
| 草　丈 | 100～200cm |
| 花　期 | 8～9月 |
| 分　布 | ほぼ全国（帰化植物） |
| 生育地 | 道端、空き地、荒れ地、河原 |
| 別　名 | バーバスカム、ニワタバコ |

全体が灰白色の毛で覆われ、高く直立する

# ムシトリナデシコ

【虫取り撫子】

●科　名：ナデシコ科マンテマ属
●花　色：●紅色、●淡紅色、○白色
●学　名：Silene armeria

河原、海岸、道端、庭、荒れ地などで見かける。茎の上部の節の下から粘液を出し、その粘液に虫がくっつくのでこの名前が付けられているが、食虫植物ではない。ヨーロッパ原産で、江戸時代末期に渡来した園芸種。ピンクの可憐な花を小町娘に見立てて、小町草の別名がある。品種もあって、球状に咲く玉咲小町草は人気がある。

| 分　類 | 1～2年草 |
|---|---|
| 草　丈 | 30～60cm |
| 花　期 | 5～7月 |
| 分　布 | 北海道～九州（帰化植物） |
| 生育地 | 道端、空き地、荒れ地、河原、海岸 |
| 別　名 | コマチソウ、ハエトリナデシコ |

## 観察のポイント！

食虫植物ではないが、茎の節の下に粘液を出す部分があり、ここに小さなムシがくっつく

道端や空き地、河原、海岸などいたるところで野生化してよく見る

早春の姿。ロゼット

花は傘状に集まる

白花も混じって咲く

# ヒルザキツキミソウ

【昼咲月見草】

●科　名：アカバナ科マツヨイグサ属
●花　色：淡紅色、白色
●学　名：Oenothera speciosa

荒れ地、空き地、道端などで見かける。北アメリカ原産の帰化植物。大正時代に園芸植物として導入されたが、逃げ出して市街地の道端などで野生化している。マツヨイグサ(P.119)の仲間は、花が夕方から咲いて朝しぼむ種類がほとんどだが、本種は昼間も咲いている。花はつぼみのときは下を向いているが、開花時は上を向いて咲き、平開(へいかい)しない。

| 分　類 | 多年草 |
| --- | --- |
| 草　丈 | 30～60cm |
| 花　期 | 5～8月 |
| 分　布 | 日本全土(帰化植物) |
| 生育地 | 道端、荒れ地 |
| 別　名 | モモイロヒルザキツキミソウ |

マツヨイグサの仲間だが、花は昼間に咲く

# サンジャクバーベナ

【三尺ばーべな】

●科　名：クマツヅラ科クマツヅラ属
●花　色：青紫色
●学　名：Verbena bonariensis

中央・南アメリカ原産。こぼれたタネからもふえて、全国的に広がっている帰化植物。名前どおり草丈が100cm以上にもなる大形種で、角ばった茎は細いが剛直で倒れにくく、剛毛が生えていてとてもざらざらしている。濃緑色の葉は、長楕円形～披針形でしわが多く、ざらつく。夏から秋にかけてかんざしのような紫色の花をつける。

| 分　類 | 多年草 |
| --- | --- |
| 草　丈 | 70～150cm |
| 花　期 | 6～9月 |
| 分　布 | 北海道～九州(帰化植物) |
| 生育地 | 道端、空き地、砂礫地 |
| 別　名 | ヤナギハナガサ、バーベナ・ボナリエンシス |

草丈は1m以上になり、紫色の花が目立つ

# ヒメツルソバ

【姫蔓蕎麦】

●科　名：タデ科イヌタデ属
●花　色：●桃色
●学　名：Persicaria capitata

市街地の街路樹の下、道端、空き地、藪、林縁(りんえん)などで見かける。暖地の海岸に自生するツルソバに似ているが、全体的にはひとまわり小さいのでこの名前が付けられた。明治時代に観賞用に導入されたものが野生化していて、暖地では「周年開花（一年中、開花すること）」が見られる。葉の表面にはV字形の斑がある。

| 分　類 | 多年草 |
|---|---|
| 草　丈 | 50cm |
| 花　期 | 4～7月、9～11月 |
| 分　布 | 関東地方以西（帰化植物） |
| 生育地 | 道端、空き地 |
| 別　名 | カンイタドリ |

**観察のポイント！**

小さな花が多数集まり直径1㎝ほどの球形になって咲く。霜の降りない暖地では冬でも咲く

道端や石垣の隙間などに生え、丸く集まったピンクの花を咲かせる

卵形の葉にV字形の模様が入る

茎はよく分枝する

空き地に群生する様子

●シダ類

# スギナ・ツクシ
毒草

【杉菜・土筆】

◉科　名：トクサ科トクサ属
◉花　色：●ツクシ（淡褐色）
◉学　名：Equisetum arvense

草地、土手、畑地などで見かける。スギナとツクシは見た目が違うので別の植物と思いがちだが、地下茎でつながっている同じ植物。スギナの名前は草姿が杉の樹に似ていることから。ツクシは古名「つくづくし」の略で、「土筆」と書くのは、ツクシの立ち姿が地面に筆を立てているように見えるため。なお、つくしは一時に多量に食さないこと。

| 分　類 | 多年生シダ |
|---|---|
| 草　丈 | 10～40cm（ツクシは8～35cm） |
| 花　期 | 3～4月（ツクシ） |
| 分　布 | 北海道～九州 |
| 生育地 | 道端、空き地、草原、土手、田畑の畦 |
| 別　名 | |

シダ植物。春、早く出るツクシがよく知られ、食用にもされる

観察のポイント！

スギナは栄養茎。葉のように見えるのは小枝で、葉は節の周りに鞘状についている

**油炒め：**若いツクシのごわごわしたハカマをとり、茹でて水にさらす。水気を切り油で炒め、醤油、味醂、酒で味付けする

胞子をつくるツクシ

スギナの春の芽吹き

スギナの夏の様子

春
市街地

1月
2月
3月
4月
5月
6月
7月
8月
9月
10月
11月
12月

春

山辺の町

## ゼンマイ 毒草

【薇、銭巻】

山菜として親しまれているシダ植物で、山地などのやや湿り気のあるところに生える。葉には胞子葉と栄養葉の2種類の葉があり、食べるのは栄養葉。若芽の先が淡褐色の綿毛に覆われ、渦巻き状にくるりと巻いている。生長した葉は2回羽状複葉で、下方の羽片が長く、下が広がった三角状。栄養葉より先に出る胞子葉は剛くて食べられない。

| | |
|---|---|
| 分類 | 多年生シダ |
| 草丈 | 60～100cm(栄養茎) |
| 花期 | 花は咲かない |
| 分布 | 北海道(南部)～九州 |
| 生育地 | 平地～山地の湿った土手、斜面、渓流沿い |
| 別名 | ゼンコ |

●科　名：ゼンマイ科ゼンマイ属
●花　色：
●学　名：Osmunda japonica

山菜で知られ、食用にするのは栄養葉の若芽

## ワラビ 毒草

【蕨】

『万葉集』や『源氏物語』にも登場するシダ植物で、日当たりのよい山地や道端で見られる。ゼンマイとともに山菜としても親しまれ、葉が開き始める前、握りこぶしを振り上げたような形の若芽を食用にする。太い根茎が地中を横に這い、ところどころから葉を出して群生する。葉は3回羽状複葉で、長さ幅ともに100㎝になるものもある。

| | |
|---|---|
| 分類 | 多年生シダ |
| 草丈 | 100cm |
| 花期 | 花は咲かない |
| 分布 | 日本全土 |
| 生育地 | 山地の草地、土手、斜面 |
| 別名 | |

●科　名：コバノイシカグマ科ワラビ属
●花　色：
●学　名：Pteridium aquilinum var. latiusculum

握りこぶしを振り上げたような形の若芽が特徴

## イヌワラビ 毒草

【犬蕨】

●科　名：イワデンダ科メシダ属
●花　色：
●学　名：Athyrium niponicum

林内や林縁、道端などでふつうに見られる夏緑性（かりょくせい）のシダ植物。根茎が横に這い、ふつう高さ20～60㎝になる。葉は2回羽状に分裂し、上部の羽片が急に短くなり、先端の羽片が尾状に伸びるのが特徴。葉柄や中軸が紅紫色を帯びることが多いが、葉色が鮮やかな銀白色や赤紫になるものがニシキシダと呼ばれて、観賞用に栽培される。

| 分　類 | 多年生シダ |
|---|---|
| 草　丈 | 20～60cm |
| 花　期 | 花は咲かない |
| 分　布 | 北海道(南西部)～九州 |
| 生育地 | 人家近くの原野、丘陵、林縁、山地の草地 |
| 別　名 | |

林縁に生え、小形のワラビのような葉をつける

## トクサ 毒草

【木賊、砥草】

●科　名：トクサ科トクサ属
●花　色：
●学　名：Equisetum hyemale

地質時代に繁栄した古い群で、山の中の沢沿いなどの湿った場所に生えているほか、庭の下草（したくさ）などにもされる。地下茎が地中を長く横に這い、剛い感じの暗緑色の茎が高さ30～100㎝に直立する。茎は円柱状で、分枝せず、夏に、茎の先にスギナ（ツクシ）のような胞子嚢穂（ほうしのうすい）をつける。茎にケイ酸を含み、昔は木工品などを磨くのに利用した。

| 分　類 | 多年生シダ |
|---|---|
| 草　丈 | 30～100cm |
| 花　期 | 花は咲かない |
| 分　布 | 北海道～本州(中部地方以北) |
| 生育地 | 山の中の湿地、林下、林縁、沢沿い |
| 別　名 | |

茎は濃緑色の円柱形で、枝分かれしない

## ベニシダ
【紅羊歯】

●科　名：オシダ科オシダ属
●花　色：
●学　名：Dryopteris erythrosora

関東地方以西の暖地の、低い山地の林内などで、ふつうに見られる常緑のシダ植物。葉は2回羽状に分裂し、大きなものは100cmにもなる。春の若葉が紅色で美しいのが名の由来だが、葉は徐々に緑色に変化する。初夏、葉の裏に2列に並んでつく円い苞膜も、成熟前の若いうちは鮮やかな紅紫色になるのも大きな特徴である。

| 分　類 | 多年生シダ |
|---|---|
| 草　丈 | 50～100cm |
| 花　期 | 花は咲かない |
| 分　布 | 本州（関東地方以西）～九州 |
| 生育地 | 低い山地の林床 |
| 別　名 | |

常緑のシダで、若い葉は紅色を帯びて美しい

## ノキシノブ
【軒忍】

●科　名：ウラボシ科ノキシノブ属
●花　色：
●学　名：Lepisorus thunbergianus

人家近くに見られるシダの代表。耐乾性が強く、乾燥が続くときは葉をひも状に強く丸めて耐えている。高さ10～30cmで、横に這う根茎がある。葉柄は短く、先が尖った線形の葉は厚く、円形に盛り上がった胞子嚢群（ほうしのうぐん）が、葉の裏の上半に2列に並んでつく。胞子嚢群は熟すと黄色になる。庭の樹木に着生させて、趣を楽しむことも多い。

| 分　類 | 多年生シダ |
|---|---|
| 草　丈 | 10～30cm |
| 花　期 | 花は咲かない |
| 分　布 | 北海道（南部）～九州 |
| 生育地 | 山中の斜面、石垣、屋根、樹上、岩上 |
| 別　名 | |

庭木にも生え、人家近くで見られるシダの代表

# ヤブソテツ

【藪蘇鉄】

●科　名：オシダ科ヤブソテツ属
●花　色：
●学　名：Crytomium fortunei

北海道～九州の、低地の藪の中などでふつうに見られる常緑のシダ。高さ70～100㎝で、短い根茎から大形の葉が束になって出る。葉は羽状に分裂し、羽片の幅が広い。葉の質は薄い紙質で、光沢はないかあっても薄い、羽片の先端部には必ず鋸(きょ)があることが特徴。葉に光沢のあるオニヤブソテツと違って、庭植えにはされない。

| 分　類 | 多年生シダ |
|---|---|
| 草　丈 | 70～100cm |
| 花　期 | 花は咲かない |
| 分　布 | 北海道～九州 |
| 生育地 | 藪の中、林内 |
| 別　名 | |

石垣などにも生えて、都心でも見られる

# イノモトソウ

【井口辺草、井の許草】

●科　名：イノモトソウ科イノモトソウ属
●花　色：
●学　名：Pteris multifida

関東地方以西の低地に分布し、人家付近の日陰の石垣などでもよく見られ、井戸の付近に多く生えることが名の由来。短い根茎から淡緑色の細長い葉が群がって出る。羽片の数が少なくて小さな栄養葉と、長く伸びて高さ60㎝くらいになる胞子葉の2種類の葉がある。胞子嚢群は葉縁にそって長くつき、葉の縁が巻きこんで覆っている。

| 分　類 | 多年生シダ |
|---|---|
| 草　丈 | 10～60cm |
| 花　期 | 花は咲かない |
| 分　布 | 本州(関東地方以西)～沖縄 |
| 生育地 | 山地、林内、人家近くの石垣 |
| 別　名 | プテリス |

人家近くの石垣の上などでふつうに見られる

# 索　引

ア

## ハ

街で見かける 雑草・野草図鑑

発行日　2018年5月25日　第1版発行

著　　者：金田 一

企画編集：蔭山敬吾（グレイスランド）
写真協力：金田洋一郎（株式会社 アルスフォト企画）
執筆協力：金田初代（株式会社 アルスフォト企画）
ブックデザイン：下川雅敏（クリエイティブハウス・トマト）

編集担当：長岡彩香
発 行 人：横山裕司
発 行 所：株式会社 交通新聞社
〒101-0062
東京都千代田区神田駿河台2-3-11 NBF御茶ノ水ビル
編集部 ☎03・6831・6560
販売部 ☎03・6831・6622
http://www.kotsu.co.jp/
印刷／製本：凸版印刷株式会社

ISBN 978-4-330-87318-3